香喷喷包子馒头轻松做

彭秋婷 著

海峡出版发行集团 | 福建科学技术出版社
THE STRAITS PUBLISHING & DISTRIBUTING GROUP | FUJIAN SCIENCE & TECHNOLOGY PUBLISHING HOUSE

序

乐作包子馒头趣

彭秋婷 著

欢迎加入，细说包子馒头的奥秘~
看似简单的包子馒头却暗藏许多的玄机，难以捉摸

中国传统面食文化与制作技艺至今已有三千多年的历史，流传至今已然成为家喻户晓的民生主食，举凡正餐、点心、宵夜、送礼等，无所不包，从北到南，从南到北，如今手作包子馒头已近乎在全民中盛行，从简单的方形、圆形，到各种不同造型变化，近几年的食安问题使得妈妈们为了守护家人的健康，卷起衣袖手作包子馒头，解决家人三餐。

因为饮食习惯的不同，人们制作面食也有各式不同的调制方法。熟制方法不外乎蒸、煮、烙、烤、煎、炸。老祖宗以孜孜不倦的实验精神替我们分出面食三大类，依照不同的制作方法，面食大致可分为：发酵面类、水调面类、酥油糕浆类。

本书主要探讨“发酵面食”。运用面粉、水、酵母，就能制作出不同属性的面食，了解原料的特性，运用在不同类别的制作，搭配整形技巧变化出各式不同的点心。不同的面食类别有不同的手法，其风味、口感、组织结构截然不同，掌握面食精髓才能做出色、香、味俱全的面点。

首先原料的认知与选用是最基本的，熟知食材、制作条件、配方调整、气候的变化、制作的技巧、制作流程，再将上述融会贯通，您就进入第一课了。很多人都觉得制作包子馒头很难，其实真的不难，只是您对发酵面食了解得不够多，因为不了解发酵面食的制作原理，自行在家中摸索时常发生“悲剧惨案”，却不知失败原因。很多人都会做馒头包子，但是做得好、质量稳定的却不多，最常在失败时还两眼一摸黑，搞不清楚发生了什么事，心里浮现十万个为什么。看似简单的馒头反而是让人头痛，所以从这一刻开始，让我带领大家从基本的发酵面食基础概念，一步步进入更深入的领域，让您开窍，让您轻轻松松做出完美作品。

由面食之源“水、面粉、酵母”制作有生命的面团与面种，灵活运用面种，将强而有力的面种加入各式的面点之中；面种又称“活面”，可以既稳定又不失败地调制面团，赋予面团生命力，制作各式馒头、包子、发面烧饼、发面大饼等点心，不仅提升商业价值，也大大提高口感风味。

做出香弹的面点需要严选原料、认识原料特性，熟能生巧，勤做、勤操、多听、多看、增加实务经验，你将克服种种困难，与我一同制作美味的发酵面食。

第1章 包子馒头的基础小学堂

第2章 基础包子这样做

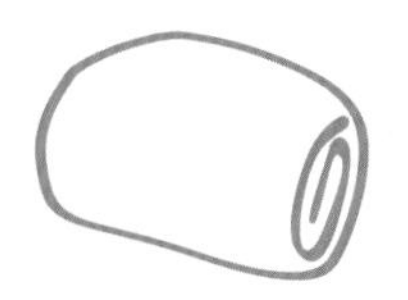

第 3 章 基础馒头这样做

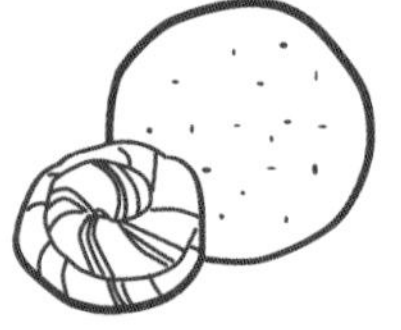

第 4 章 进阶变化包子馒头：其乐无穷的花卷与烙饼

▶ 示范影片

第1章

包子馒头的基础小学堂

主要原材料

面粉

小麦由胚乳、胚芽及麸皮三大部分组成，而“面粉”又由小麦研磨而成。面粉中主要的成分有淀粉、矿物质、蛋白质等。面粉依蛋白质（麸质）成分多寡分为高、中、低不同筋度，筋度越高，越能做出有劲道的产品，我们可以将不同筋度的面粉混合，来获得想要的筋度特性。

面粉的蛋白质含量及用途

种　类	特高 / 高筋面粉	中筋面粉 / 粉心粉	低筋面粉	全麦面粉
蛋白质	13% / 11% ~ 12%	10% ~ 11% / 12%	7% ~ 8% 以上	2.5%
用　途	含量13%的可制作油条、面包、春卷皮；含量11% ~ 12%的可制作一般甜面包、白吐司面包、法国面包、餐包、面条等	可制作面条、馒头、包子、饺子、花卷等面食	适用于制作饼干、蛋糕、酥饼等各种点心	全麦面粉筋性不够，制作出的馒头体积较小、组织较粗。使用全麦粉时可以加入部分高、中筋面粉调整比例改善口感

面粉的五大保存方法与注意事项

① 通风	② 温度	③ 湿度	④ 离墙离地	⑤ 先进先出
场所必须干净、通风	最佳温度在18 ~ 23℃	贮存的相对湿度宜在55% ~ 65%之间	放置面粉时不可靠近墙壁、地面，以免受潮、受虫害	先买入的面粉先用

调色剂

本书的有色面团是以2% ~ 4%的天然粉类（如红曲粉、姜黄粉、抹茶粉、绿茶粉、可可粉、竹炭粉、蝶豆花粉、紫薯粉、辣椒粉）加上适量清水染色而成。其中可可粉的颜色有不同深浅，本书选深色的。蝶豆花粉富含花青素，还可以泡饮料、做甜点、做料理……

★显色小技巧：

1. 蝶豆花粉与紫薯粉加入面团调色前须与液体材料（水或鲜奶）混合才会显色，粉水比为1∶2~1∶3。
2. 其他色粉直接加入面团搅拌使用即可。

糖

糖是酵母生长繁殖所必需的养分，有助于启动发酵。适量加入糖还可延缓产品失水老化，改善产品组织。但过多的糖则会抑制酵母生长、导致酵母死亡，还会让发酵面食组织产生黏牙现象。

★本书配方中的糖量大体相当于面粉量的10%，可按个人喜好增减。

盐

盐可强化面筋、增强延展性，同时也具有抑制酵母活性、调节发酵速度的功用。特别要注意搅拌面团时如果将盐与酵母一同放置，盐会大大抑制酵母活性，所以要记得分区放置。

★配方中盐量可根据生产需求加减。天冷时，因为酵母活性低，可以不加盐；而本书配方中，因为拍摄时是夏天，故都有加入盐。

油

油脂可以改善面团组织，让组织发酵后光滑细致，以及促进体积的膨大；可以增加产品的柔软度，增加香气，让产品保存期限延长。

本书配方的“油”可使用无盐黄油、有盐黄油、发酵黄油、无水黄油、猪油、色拉油、橄榄油等。

★须注意，若配方中有盐，就不可使用“有盐黄油”。

★建议以机器搅拌面团时使用固体油（无盐黄油），手揉面团时使用液体油（色拉油）。

水

水量会影响产品体积与组织，水分多则产品组织较柔软，水分少则组织扎实，口感有嚼劲。

鲜奶中含有大量水分，所以可以将配方中的鲜奶量理解为水量，本书配方中的鲜奶也可以替换成水。

关于具体水量，以面粉量为 100%，则：

1. 若配方中用的是水，当使用搅拌机时，水量取 46% ~ 48%，当手工揉面时，水量取 50%。

2. 若配方中用的是鲜奶，当使用搅拌机时，水量取 48% ~ 50%，当手工揉面时，水量取 50% ~ 52%。

★面团水分可依个人喜好及产品需求增减。

商业酵母

分为干酵母、即溶酵母粉、鲜酵母三种，本书使用鲜酵母与即溶酵母粉。

鲜酵母：

较常见块状的，可直接与面粉、水等材料搅拌揉匀使用。因为含水量较高，发酵速度较快而稳定。保存期限大约一周，需冷藏（2 ~ 10℃）保存，最好尽快使用完毕，否则酵母活性会逐渐减弱。

即溶酵母粉：

使用前将其泡水可激发其活力，也可直接搅打。手工揉面或天冷时制作，建议加水溶解再使用，活性比较好。夏天时，可直接放入搅拌机和面团材料一起搅拌，本书皆为直接搅打。

关于酵母用量，以面粉量为 100% 时：

1. 鲜酵母，夏天为 2%，冬天可增加到 3%。

2. 即溶酵母粉，夏天约 1%，冬天可增加到 1.5% ~ 2%。

★预先浸泡酵母时，冬天可用温水，夏天因气温很高，用常温水即可。

★商业酵母是单一酵母菌，相比天然酵母而言缺少风味，但天然酵母的发酵力相对弱。

基础面团制作全攻略

步骤 1	步骤 2	步骤 3	步骤 4	步骤 5	步骤 6
搅拌	压延	分割	整形	最后发酵	熟制

1. 搅拌

本步是将液体、粉末、小粒等不同形态的材料通过搅拌混匀成团，再搅拌或揉成均匀光滑的面团。其中又分为一次搅拌法与二次搅拌法。顾名思义，“一次搅拌法”即为无前置面团的搅拌法，将配方所有材料一次搅打成团；“二次搅拌法”则为有前置面团的搅拌法，将配方材料分两次搅打，先完成一部分面团，再于恰当时间进行二次搅拌，中种法、汤种用法、老面用法等都属于二次搅拌法，必须先准备好前置面团。

★各种搅拌法适用的面团配方、具体步骤见第 18 页。

步骤 1.1 机器搅拌或手工揉制

A. 机器搅拌

机器搅拌的材料分布更加均匀，更能带出面团的筋性，让馒头更有弹性更加洁白。即溶酵母粉夏天可以直接放入搅拌缸搅拌，冬天加水溶解再使用；新鲜酵母可直接加入缸中搅拌。

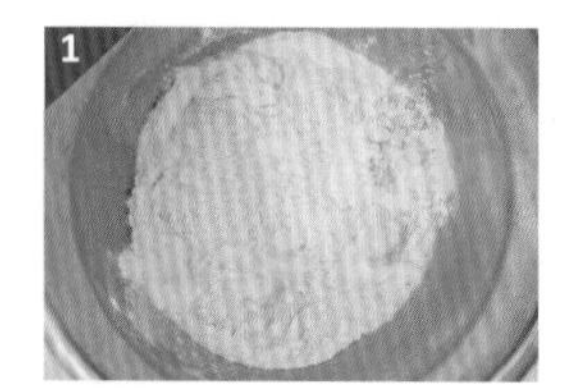

搅拌缸放入配方材料。

先低速成团。

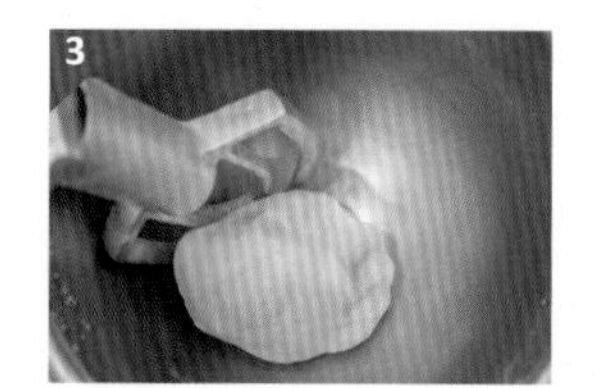

转中速打至光滑。

B. 手工揉制

钢盆内放入配方材料，以擀面棍和面成团。

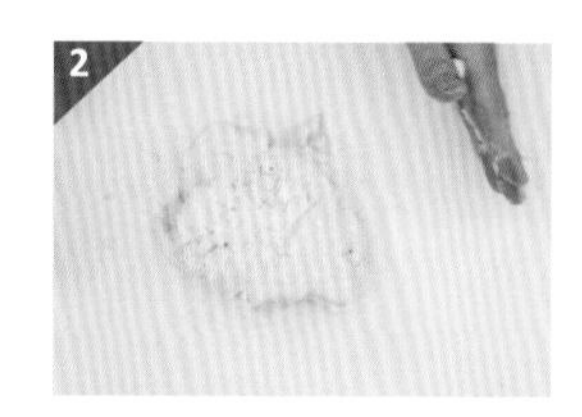

取出，放于桌面。

双手收整成圆团状。

一开始表面会皱皱的。

随着多次整形，渐渐地，表面光滑均匀。

步骤 1.2 松弛基发

机器搅拌的面团具有强韧的筋度，直接压延会感觉面皮紧致，不好操作，短时间的松弛基发（约 5 ~ 10 分钟）可以让面团适当休息，恢复柔软更好进行压延。

手工搅拌则不须松弛，可以直接擀折整形。

发酵时记得盖上保鲜膜（或布巾、湿布）或倒扣钢盆，所有方法都是为了保持面团的水分，避免面团在松弛发酵过程中表面干燥，破坏口感。

★基发时间视面团温度以及发酵状况而定，可以增加或减少时间。

盖上钢盆或布巾松弛基发。

2. 压延

在这一步中，将面团反复折叠、压开。目的是排出初期面团内的气体，得到光滑细致、洁白的面团。

压延次数大约 10 次，具体跟面团温度息息相关。温度高时，面团就会发酵产生更多气体，压延次数就要变多。掌控压延的黄金时段，次数合适，则面团品质佳；若过度使用压延机、多次压延，会让面团太过紧致，面团中没有均匀分布的空隙供未来发酵，那么未来发酵时气压就会集中作用在某点上，面团内部会形成大气泡。

压延面团时气体若产生太多，表示面团已经发酵，通过压延无法将气体全部排出，这种面团的组织会变得粗糙，产品的老化速度快。

★若前面用机器搅拌面团，搅拌得越光滑细致，后面所需的压延次数便越少。

★压延可以手工用擀面棍进行，也可以使用压面机。压面机效果更佳，组织细致光滑；手工擀压则须注意面团温度，避免面团发酵、气体无法排出。

A. 机器压延

将面团对折后送入压面机。

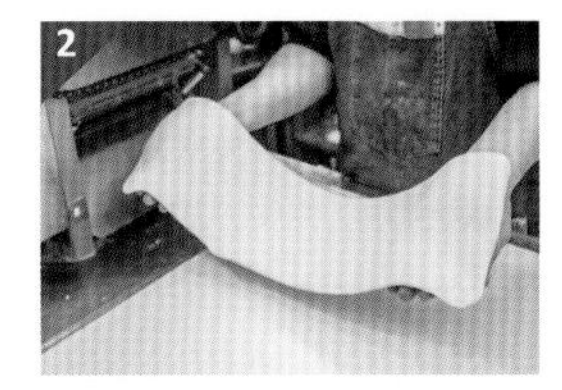

压延至适当大小。重复对折压延共 10 次左右。

B. 手工擀折

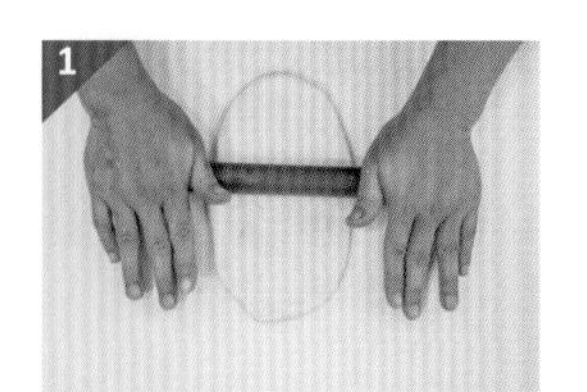

将面团擀开。

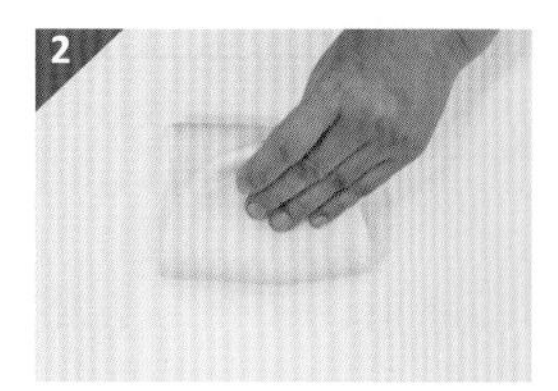

上方取 1/3 朝中心折叠，下方也取 1/3 朝中心折叠。

转向如图，此时做完 3 折 1 次。

重复前面擀开折叠的步骤 2 次。

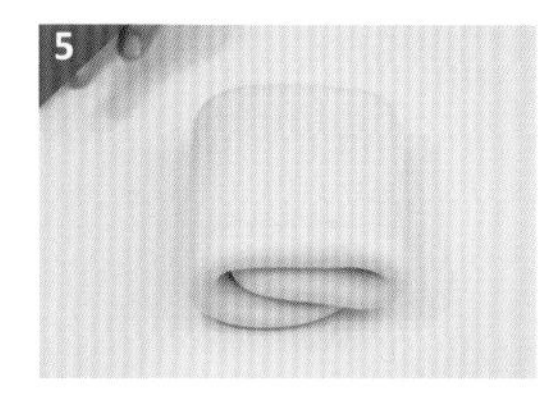

共完成 3 折 3 次。

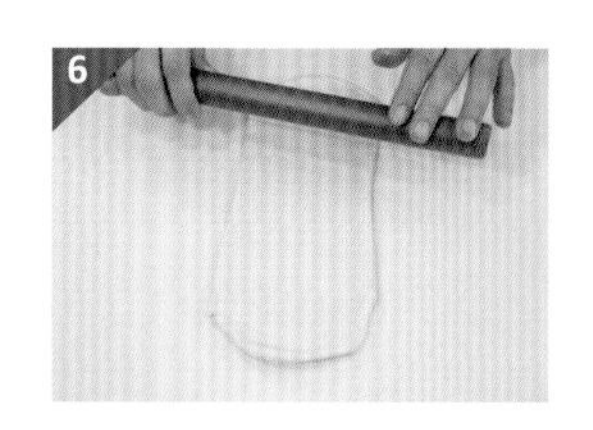

再用擀面棍擀开。

3. 分割

将面皮卷成长条状，用手揪或用切面刀分割成所需大小。

A. 手工揪面

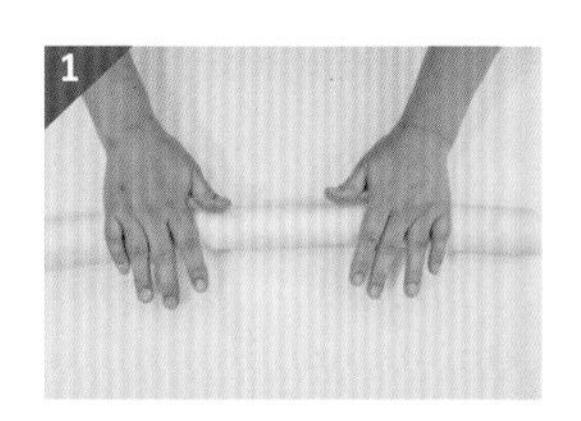

将面皮（机器压延的大面皮）收紧卷起。

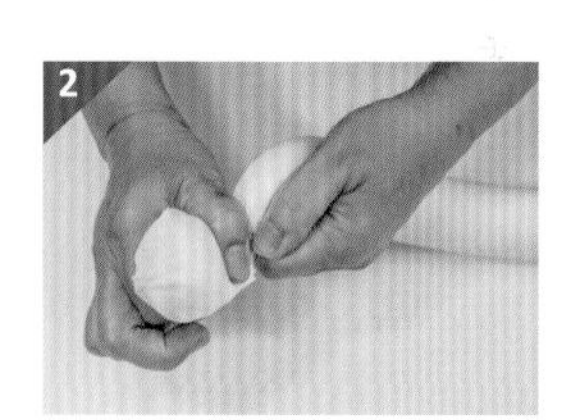

手工揪面，面团会发出清脆的“啵”声。

B. 切面刀分割

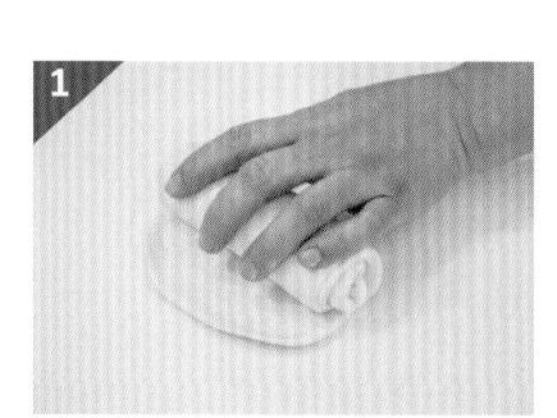

将面皮（手工擀折的小面皮）收紧卷起。

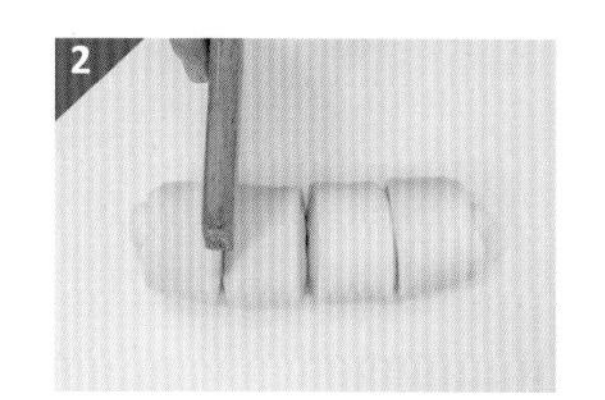

用切面刀分割成所需大小。

4. 整形

将面团整形成理想的外观。

如果是包子，则先将面团擀成薄边的圆面皮，再包馅。

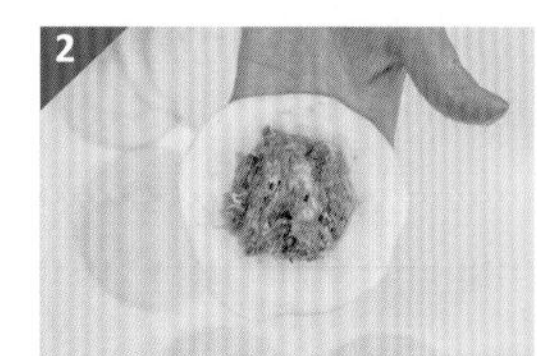

基本款包子整形，详细过程见第 27 页。

如果是馒头，则不需要擀面皮，基本的形状有圆形、刀切形，此外，还可以加入辅料做成花卷。

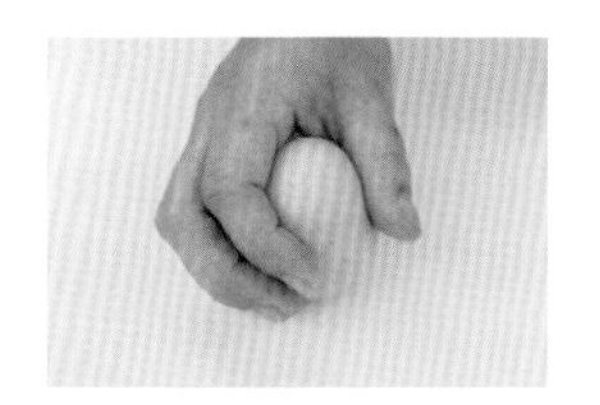

圆形馒头整形，详细过程见第 95 页。

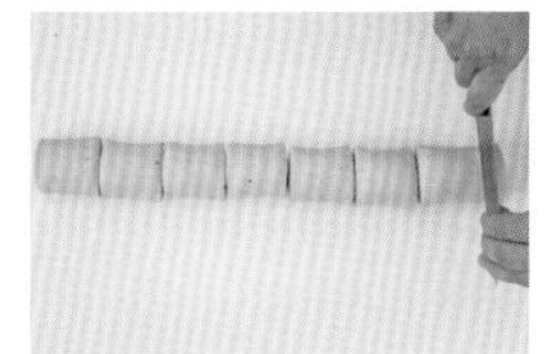

刀切馒头整形，详细过程见第 96 页。

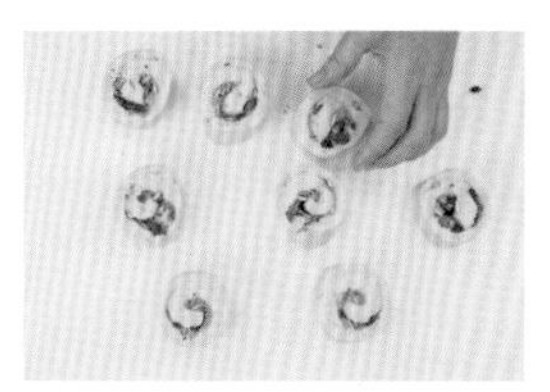

花卷整形，详细过程见第 97 页。

除了以上的基本形态，还有蘑菇、寿桃等多种形态，详见书后各款产品的介绍。

整形手法需时间磨练，熟能生巧。

5. 最后发酵

整形后的面团组织紧密，需要再发酵使面团内部再次充满气体，成品口感才能松软劲道。这一发酵就称为“最后发酵”，时间需 20 ~ 30 分钟。最后发酵是决定发酵面食的外观、体积和内部组织的重点因素，会影响组织的松软度与韧度，除了要有适当的发酵环境，确认最后发酵的程度也是关键重点。

发酵最佳环境是温度 30 ~ 35℃ / 湿度 40% ~ 50%，但我们久久做一次，买专业发酵设备既浪费又占空间，该怎么办呢？

解答A **纸箱发酵：**准备一个纸箱或泡沫箱，足够放入烤盘或蒸笼即可。面团放在蒸笼中，蒸笼再放在一锅热水上（如天气炎热则只需在旁边放一碗热水），盖上箱，利用热水的热气帮助面团发酵。注意，箱子须有透气孔，以免水汽过多影响成品。

解答B **烤箱发酵：**上火预热至 50 ~ 60℃，温度稳定后放入面团，因烤箱内部只有温度没有湿度，须适时补充水分。

★ 也可以在烤箱中放一碗热水帮助发酵，此时便不需开火。

解答C **蒸笼发酵：**底部水加热至约 60℃，关火，将整形完毕的成品放上蒸笼，留一个透气孔，利用袅袅上升的湿热空气发酵。

解答D **电饭煲发酵：**将电饭煲开在保温挡，或是加两杯 60℃的温水，帮助产品最后发酵，留一个缝隙透气，以免湿度过高。

最后发酵完成时的 3 个特征

颜色	体积	比重
面团经过发酵膨胀，颜色会变浅、变白	面团体积增大至原来的 1.5 ~ 1.8 倍	面团在发酵时内部生成二氧化碳，被面筋包裹形成无数气室，使面团比重减小

判断发酵进程的水球法

在进行上一步的面团整形时，预先取一小块面团（20~30g）搓圆，用来在这一步中做测试面团。当面团整形全部完成时，取一透明容器（建议使用透明量杯）装水，水量须足够淹过测试面团且有余裕，然后放入测试面团。而后，将产品面团与装有测试面团的容器置于相同环境中开始最后发酵，此时，测试面团与产品面团基本处于相同的环境中，同步发酵。测试面团内部会不断产生二氧化碳气体，使自己的比重变轻，从而渐渐浮上水面，过程如下。其中最后两个阶段是关键，要多加注意，以免发酵过度。

1. 刚投入水中	2. 开始产气	3. 即将发酵完成	4. 发酵完成
沉入水中	浮起 1/4	浮起 1/3	浮起 1/2
取多余面团约 30g 搓成球形，放入盛水透明容器中，再将容器与产品面团放入相同的发酵环境	小球浮起 1/4，表示面团正在发酵产气，此时约过了 12 分钟。你这时可以准备蒸笼、开始烧水	小球浮起 1/3，时间约已过 20 分钟	小球浮起 1/2，时间已过 25 ~ 35 分钟，这说明产品面团已发酵完成，可以熟制

6. 熟制

基本方法

包子馒头可用蒸、烙、煎、烤等方法熟制。不同熟制方法带来不同的特性，所需的熟成时间也不同。

蒸制开始时锅内水的温度

基本上用冷水、温水、滚水皆可蒸包子馒头，本书中都是在最后发酵完成后用滚水蒸熟。若使用家庭煤气灶大火起蒸，建议新手用“滚水”蒸制，风险较低。

火候、时间、水量

一般来说，100g 的基本款馒头、肉包，以中大火蒸制的时间大约是 15 分钟。不同产品的蒸制时间有所不同（详见书后各配方），如果产品个头小，所需要的时间就会短一些。

火候大小、蒸制时间也与蒸笼的大小、层数有关，如蒸笼体积较大，自然也就需要更大的火候和更长的时间。

蒸汽要足够。锅内水多、火候大，都会让蒸汽更多。但蒸汽太大，又会造成顶盖滴水，带来“死面”的后果（详见后面的失败解析），所以要根据自己的情况适当控制。

关于蒸锅中的水量：如果是底较深的锅，可加到 1/3 水位；如果使用 35cm 直径的金属蒸笼，加水 2500 ~ 3000ml，大约是 3cm 深；如果使用炒菜锅（直径大约 40cm），则加水 2000 ~ 2500ml，即六七分满。

各种蒸笼的特点

	竹蒸笼	铁蒸笼、铝蒸笼
优点	具有优秀的透气性，不容易有顶盖滴水现象	好清洁，不容易坏
缺点	清洁困难。沾水后阴干极易发霉；日晒风干最佳，但日晒太久又会减少其使用寿命	顶端会凝结水汽，水汽会滴落在产品表面，当水分渗入面团便会产生死面，影响结构组织与产品卖相

铁蒸笼、铝蒸笼滴水现象的改善方法：

1. 蒸制一段时间后锅盖下凝水，此时取干净的布或纸巾将水滴擦干。
2. 锅盖系一块蒸笼布包住锅盖下方，让布巾吸收水汽。
3. 在锅盖边缘夹一根筷子或汤匙，让多余水蒸汽从缝隙自然排出。
4. 蒸笼最下层铺一块布巾（右图），与放在烘焙纸上的产品（包子、馒头等）一起蒸，布巾将吸收一部分水汽，减少锅盖下的凝水。

★未熟的包子、馒头会有黏牙口感，必须确定产品熟成才可以出炉。

★当发现馒头、包子未蒸熟，须在停火 5 分钟内继续蒸制补救；如果等到产品完全冷却了才发现未蒸熟，那么送回蒸笼蒸再久也不会有好的效果。

★如果确认熟了，但还是黏牙，可能是发酵不足造成的，也可能是以下原因：1. 糖量太多；2. 水分太多；3. 产品刚出炉就吃，其内部存在未凝固的面糊组织；4. 使用低筋面粉制作。

重点整理精华区

发酵面食的“五大成败关键”与“三大注意事项”

两者息息相关，一环扣一环

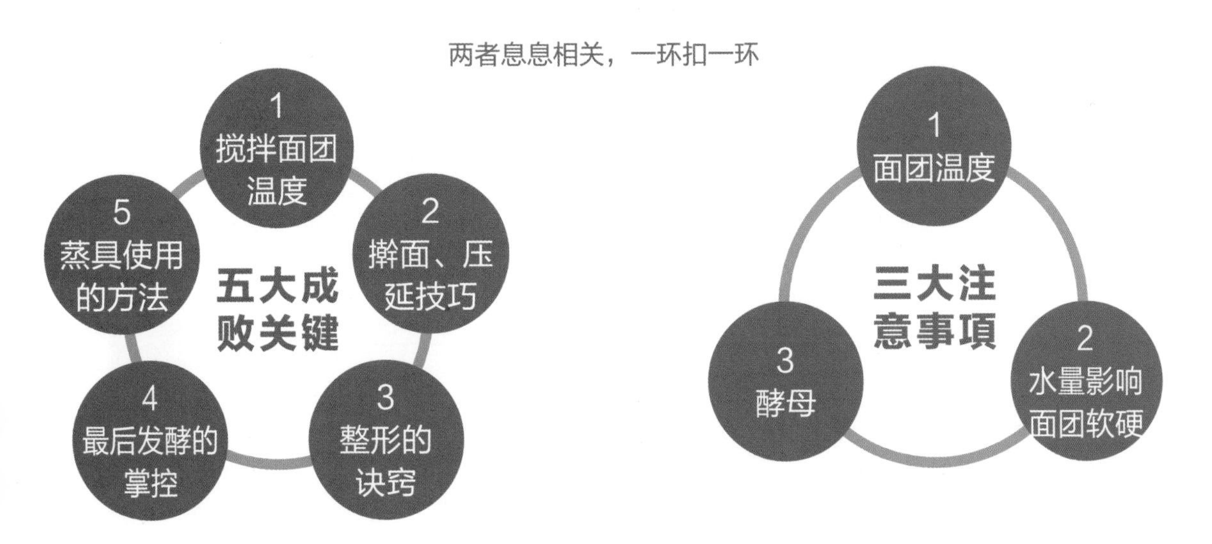

注意事项解读

面团温度

面团温度是影响产品组织的主要因素，因为它影响酵母的发酵速度，如面团温度不恰当，便无法得到理想的发酵状态。

搅打面团时若水温过高，面团会提早发酵，成品容易气室粗大、风味过酸。

控制面团温度最简单的方式就是调整配方内水的“温度”，而具体的面团温度则要根据环境温度决定。冬天寒冷，配方内水须为温水，将面团温度控制在 25 ~ 30℃，发酵速度才不会太慢；夏天气候炎热，配方内水可采用常温水或冰水，将面团温度控制在 20 ~ 25℃，发酵速度才会趋缓一些，不影响后续操作。

★夏天面团温度 20 ~ 25℃，冬天面团温度 25 ~ 30℃。

水量影响面团软硬

配方用水量也会影响面团组织与发酵时间。水分多，则面团较软，发酵较快；水分少，则面团组织扎实，发酵较慢。冬天寒冷，面团需比夏天软些，让发酵速度足够快；反之夏天气候炎热，可以将水分减少来减慢发酵速度。

★利用水量与水温调节面团，让发酵速度缓和、稳定。

酵母

酵母生长繁殖适宜的温度是 20 ~ 35℃，发酵进行得最稳定的温度是 25 ~ 35℃。（在 4℃以下酵母休眠，在 40℃以上则失去活性。）

酵母多寡直接关系面团成败，用量太多太少对面团都是致命打击，用量可参考前面“主要原材料——商业酵母”中的叙述。

机器搅拌面团，在产量多时可以加些碎冰块，防止温度上升，搅拌过程中转速越快则温度上升越快，夏天要特别注意，维持一定的温度才有好的品质。

★因气候、产能、个人操作速度的不同，酵母的用量不是固定的。
★牢记冬天“三高”，夏天“三低”。

面种制作方法

汤种烫面

汤种，也称为烫面，具有下面 3 种基本的制作模式。

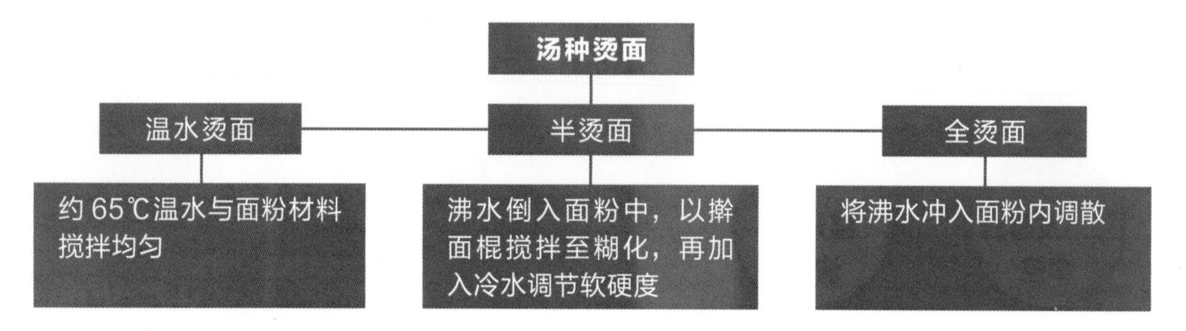

汤种烫面被烫过后，其中的蛋白质糊化，不能再形成面筋，将它加入面团中使用，可以让产品的口感更柔软。

因为汤种烫面筋性较差，所以它刚制成时较黏，而经过冷却松弛后，可以形成良好的塑性，便于操作。

汤种（全烫面）制作方法

材料

	百分比	重量 /g
中筋面粉	100	100
沸水	150	150
合计	250	250

做法

1. 钢盆中加入中筋面粉，冲入沸水。（图 1）
2. 以擀面棍快速搅拌，让面粉吸水糊化，最后成团。（图 2、图 3）
3. 待面团冷却，即可加入其他材料中搅拌制作成主面团。如未使用，应以保鲜膜妥善封起，冷藏保存，约可放 3 天。（图 4）

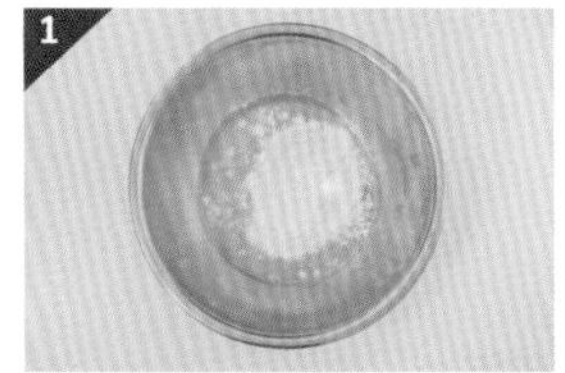

老面

“老面”即发酵时间较长的面团。它的酸味较重，不宜直接做成面点，而是以适当的分量掺入新面团中搅拌混合使用。

老面可以给产品带来成熟发酵的风味，改善产品的色泽，减缓老化。在面团中，老面能增加面筋强度，改善延展性，稳定面团温度，减少酵母用量，缩短搅拌时间，使面团发酵良好。

★老面中的酸味来自乳酸菌，乳酸菌能把葡萄糖转化为乳酸，属于益生菌。

★面团中的酵母菌能给乳酸菌提供必要的生长条件，乳酸菌能处理酵母菌的残骸，所以两者能共存。将乳酸菌用于包子馒头，不但可提高产品营养价值、增加风味，还可防止胃酸与胀气。

老面按照含水量多少，又分成以下两种。（本书采用的都是第一种）

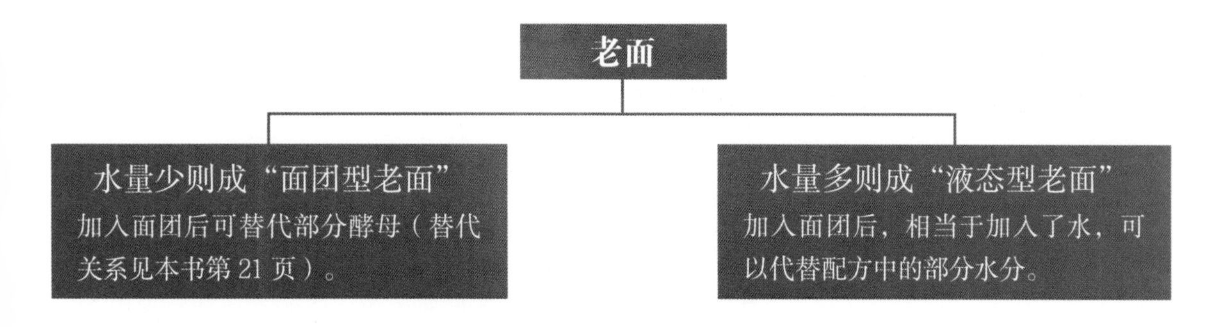

老面必须定时培养，时间到立即补充养分，才能活力十足。续养每天定时进行，配方（面团型）：假设原面种重量为 100%，则中筋面粉加入 50%，水加入 30% ~ 40%。

室温老面，第一次起种的制作方法

材料

		百分比	重量 /g
A 阶段（面种）	中筋面粉	100	100
	即溶酵母粉	1	1
	水	80	80
	合计	181	181
B 阶段	水	80	144.8
	细砂糖	4	7.2
	中筋面粉	100	181
A+B	合计	365	514

做法

1. A 阶段：先将即溶酵母粉与水混匀；钢盆内加入中筋面粉，倒入前面的酵母水，混合均匀。

2. 将钢盆用保鲜膜妥善封起，最好在 28 ~ 30℃温度下静置发酵约 2 小时（如冬天在寒冷环境中发酵，约需 4 小时）。

3. B 阶段：细砂糖与水混匀；钢盆内加入发酵好的 A 阶段面种，再慢慢倒入细砂糖水，混合均匀。

4. 加入中筋面粉混合均匀，再将钢盆用保鲜膜封起，在 28 ~ 30℃温度下静置发酵约 8 小时（如冬天在寒冷环境中发酵，约需 12 小时），完成的室温老面会充满很多大气孔。

低温老面，第一次起种的制作方法

材料

		百分比	重量 /g
A 阶段（面种）	中筋面粉	100	400
	水	70	280
	即溶酵母粉	1	4
B 阶段	A 阶段面种	100	684
	中筋面粉	57	390
	水	43	294

做法

1. A 阶段：即溶酵母粉与水混匀；钢盆内加入中筋面粉，倒入混匀的酵母水，混合均匀。

2. 将钢盆用保鲜膜妥善封起，在 28 ~ 30℃温度下静置发酵 4 小时。

3. B 阶段：钢盆加入 B 阶段材料（包含 A 阶段面种）搅拌均匀，用保鲜膜妥善封起，在 28 ~ 30℃温度下发酵 2 小时，放入冷藏室 12 ~ 24 小时。

隔夜冰种老面制作方法

材料

	百分比	重量 /g
中筋面粉	100	700
细砂糖	10	70
盐	0.3	2
即溶酵母粉	0.4	3
冰水	70	490
合计	180.7	1265

做法

1. 搅拌机加入所有干性材料，须注意即溶酵母粉与盐、细砂糖要分区放置。

2. 缓缓倒入冰水，先开低速让所有材料成团，再转中速打至面筋扩展阶段。

★面筋扩展阶段：取一小团面团用手撑开形成薄膜，薄膜破口边缘呈锯齿状。

3. 取出面团放入保鲜盒或塑料袋中，冷藏 15 小时再使用。

★面团可在前一天打好，放入冷藏，隔夜即可使用。

★老面制作要点

1. **时间**：室温老面夏天的两阶段发酵时间约为 10 小时，冬天的两阶段发酵时间约 14 ~ 16 小时。

2. **温湿度**：培养老面的最佳温度约是 28 ~ 30℃，湿度约是 45%。

3. **酸碱值**：老面的酸碱值应是 6.2 ~ 6.5，如果低于 4.6 就会太酸，可加入碱水或小苏打来调节酸碱度（配方为小苏打：水 =1：4）。调解后可让面团组织松软、色泽洁白。

★老面保存要点

1. 老面可冷藏保存 2 ~ 3 天，仍然具有发酵力。

2. 老面也可冷冻保存一个月，冷冻后其发酵力下降，只保有风味。使用前须退冰。

知道技法与面种带给成品的影响后，
在制作面食时就可以自行比较推演理想的使用面种。

六大基础配方

以下介绍了多种面团的配方及其做法，大家用这些配方就可以制作简单的馒头了。配方中的鲜奶可以替换成水，成为更简单的版本；老面的比例可以增加，做出老面馒头（各种老面比例的配方在后面有表格详细地列出）。将这些配方代入前面“基础面团制作全攻略”中的搅拌环节，大家就可以得到制作简单款馒头或者包子的详细全过程了。

这些配方还可自由应用在后面包子、馒头篇章内，在本章末尾贴心附上“配方速查表”，读者可一目了然，依个人喜爱的口感自由替换。

祝愿大家可以举一反三、融会贯通、灵活运用，随心所欲地在面食世界玩耍，启发面团的无限可能，达到发酵面食的最高境界。

★配方中的盐量和酵母使用量需要根据环境温度调整。以下（至本书末尾）配方皆是在夏天制作的；如果读者在冬天、比较寒冷的环境制作，配方中的盐可以省略不加，而酵母的用量可以增加 50% ~ 100%。

面团法比一比

	制作方法	比一比
直接法	【一次搅拌法】顾名思义，就是将材料依序放入搅拌缸，一次搅拌完成	优点是快速方便、节省时间，缺点是风味较单薄，口感较柔软
中种法	【二次搅拌法】先完成中种面团，再将中种面团、主面团材料一同搅拌	优点是面团膨胀力较强，可缩短发酵时间，使发酵更加稳定
汤种用法	【二次搅拌法】先完成汤种面团，再将汤种面团、主面团材料一同搅拌	可增加面团含水量，延缓产品老化，口感柔软，适合做包子
室温老面用法	【二次搅拌法】先完成室温老面，再将室温老面、主面团材料一同搅拌	适合制作大发面（例如葱烧烙饼），面团中麦香浓厚不带酸味，最能呈现天然乳酸菌香气，风味带有足够的甜味；缺点是需要时间培养
低温老面用法	【二次搅拌法】先完成低温老面，再将低温老面、主面团材料一同搅拌	非常适合做包子馒头，适当添加低温老面可以防止面团在搅拌中温度上升，冬天使用须先回温，具有稳定发酵之功效。培养成功率最高，产能稳定性最好，面团操作性延展性佳，产品香不带酸，自然呈现气味与甜味，口感Q弹
隔夜冰种老面用法	【二次搅拌法】先完成隔夜冰种老面，再将隔夜老面、主面团材料一同搅拌	隔夜冰种老面在低温环境发酵，酵母菌群比较稳定。因为发酵前已经打到扩展阶段，使用它可以缩短主面团的搅拌时间与最后发酵时间，稳定发酵。夏天适当添加隔夜冰种老面可以防止面团温度上升，冬天使用隔夜冰种老面须先回温。使用隔夜冰种可增加组织筋性，增加产品Q弹口感

一次搅拌法面团

一次搅拌法又称直接法，就是将所有材料放入钢盆一次搅拌。

材料

	百分比	重量/g
中筋面粉	100	300
细砂糖	10	30
盐（可选）	0.5	1.5
即溶酵母粉	1	3
鲜奶	50	150
油	1.5	4.5
合计	163	489

做法1

1. 细砂糖、即溶酵母粉分别与部分鲜奶充分拌匀。

2. 将其他材料都倒入钢盆中，再倒入步骤1，揉至呈光滑面团状。

做法2

1. 细砂糖先与配方中的鲜奶充分拌匀。

2. 搅拌缸开动后依序加入面粉、盐，再倒入步骤1，放入即溶酵母粉、油，搅拌至面团表面光滑且细致光亮。

二次搅拌法面团

中种法面团

中种法面团须先发酵 40 ~ 60 分钟，再与主面团材料二次搅拌成主面团。

材料

		百分比	重量 /g
主面团	细砂糖	10	30
	鲜奶	50	150
	即溶酵母粉	1.5	4.5
	中筋面粉	100	300
	油	2	6
	合计	163.5	490.5
中种面团	低筋面粉	10	50
	鲜奶	5	25
	即溶酵母粉	0.3	1.5
	细砂糖	1	5
	合计	16.3	81.5

做法

1. 钢盆内放入中种面团所有材料混匀，以保鲜膜妥善封起，室温发酵 40 ~ 60 分钟。

2. 使用主面团配方将细砂糖与鲜奶充分搅拌均匀。

3. 将中种面团分成块状放入搅拌缸，加入面粉，再倒入步骤 2 搅拌均匀，放入即溶酵母粉、油搅拌，搅拌至面团表面光滑且细致光亮。

汤种面团

汤种面团须预先完成，再与主面团材料二次搅拌成主面团。

材料

		百分比	重量 /g
主面团	中筋面粉	100	300
	细砂糖	10	30
	即溶酵母粉	1.5	4.5
	鲜奶	42	126
	油	1.5	4.5
	汤种	30	90
	合计	185	555

做法

1. 详见第 15 页备妥“汤种”。

2. 细砂糖与鲜奶充分搅拌均匀。

3. 搅拌缸开动后依序加入汤种、面粉，再倒入步骤 2，加入即溶酵母粉、油，搅拌至面团光滑且细致光亮。

室温老面面团

将室温发酵 12 ~ 16 小时的老面种与主面团材料二次搅拌成主面团。

材料

	百分比	重量 /g
中筋面粉	100	300
细砂糖	11	33
盐（可选）	0.5	1.5
即溶酵母粉	1	3
鲜奶	45	135
油	1.5	4.5
室温老面	20	60
合计	179	537

做法

1. 详见第 16 页备妥“室温老面”。

2. 细砂糖与鲜奶充分搅拌均匀。

3. 搅拌缸开动后依序加入室温老面、面粉、盐，再倒入步骤2，放入即溶酵母粉、油，搅拌至面团光滑且细致光亮。

低温老面面团

将室温发酵 6 小时、再冷藏 12~24 小时的老面种与主面团材料二次搅拌成主面团。

材料

	百分比	重量 /g
中筋面粉	100	300
细砂糖	11	33
盐	0.5	1.5
即溶酵母粉	1	3
鲜奶	46	138
油	1.5	4.5
低温老面	20	60
合计	180	540

做法

1. 详见第 16 页备妥“低温老面”。

2. 细砂糖与鲜奶充分搅拌均匀。

3. 搅拌缸开动后依序加入低温老面、面粉、盐，再倒入步骤2，放入即溶酵母粉、油，搅拌至面团光滑且细致光亮。

★此配方中，低温老面用量可自由增加。不同老面用量的配方，以及将即溶酵母粉改为鲜酵母的配方在下面详细列出。

隔夜冰种老面面团

将老面种搅拌至扩展阶段再冷藏 15 小时，而后与主面团材料二次搅拌成主面团。

材料

	百分比	重量 /g
隔夜冰种老面	200	300
中筋面粉	100	150
玉米淀粉	18	27
细砂糖	13	19.5
盐	0.5	0.75
冰水	22	33
即溶酵母粉	2.5	4
油	5	7.5
合计	361	541.75

做法

1. 详见第 16 页备妥“隔夜冰种”。

2. 隔夜冰种与细砂糖、盐、冰水充分搅拌均匀。

3. 搅拌缸开动后依序加入面粉、玉米淀粉，倒入鲜奶，放入即溶酵母粉、油，搅拌至面团光滑且细致光亮。

低温老面 + 即溶酵母粉面团配方变化表

低温老面用量	20%	30%	40%	50%	60%	70%	80%	90%	100%	100% 300g
中筋面粉	100%	100%	100%	100%	100%	100%	100%	100%	100%	300g
细砂糖	11%	12%	12%	12%	14%	14%	14%	15%	15%	45g
盐	0.5%	0.5%	0.5%	0.5%	0.5%	0.5%	0.5%	0.5%	0.5%	1.5g
即溶酵母粉	1%	1%	1%	0.8%	0.8%	0.7%	0.7%	0.5%	0.5%	1.5g
鲜奶	46%	44%	42%	40%	38%	36%	34%	32%	30%	90g
油	1.5%	2%	2%	2%	3%	3%	3%	3%	3%	9g
合计	180	189.5	197.5	205.3	216.3	224.2	232.2	241	249	747g

（注：夏天添加盐，冬天可以省略不加）

低温老面 + 鲜酵母面团配方变化表

低温老面用量	20%	30%	40%	50%	60%	70%	80%	90%	100%	100% 300g
中筋面粉	100%	100%	100%	100%	100%	100%	100%	100%	100%	300g
细砂糖	11%	12%	12%	12%	14%	14%	14%	15%	15%	45g
盐	0.5%	0.5%	0.5%	0.5%	0.5%	0.5%	0.5%	0.5%	0.5%	1.5g
鲜酵母	2%	2%	2%	2%	1.5%	1.5%	1.5%	1%	1%	3g
鲜奶	46%	44%	42%	40%	38%	36%	34%	32%	30%	90g
油	1.5%	2%	2%	2%	3%	3%	3%	3%	3%	9g
合计	181	190.5	198.5	206.5	217	225	233	241.5	249.5	748.5g

（注：夏天添加盐，冬天可以省略不加）

基本面团配方速查表

检阅规则：✓ 可使用　✓ 本书使用　— 可使用，但基本面团配方需自行调整　— 本书使用，与基本面团配方稍不同

		A 直接法	B 中种法	C 汤种	D 隔夜冰种	E 低温老面	F 室温老面
1	台南肉包	✓	✓	✓	✓	✓	✓
2	剥皮辣椒包	✓	✓	✓	✓	✓	✓
3	蚂蚁上树	✓	✓	✓	✓	✓	✓
4	幸福肠肠酒酒	✓	✓	✓	✓	✓	✓
5	脆瓜芋头肉包	✓	✓	✓	✓	✓	✓
6	麦穗包	✓	✓	✓	✓	✓	✓
7	哇沙米鲜肉包	✓	✓	✓	✓	✓	✓
8	乳香鲜肉包	✓	✓	✓	✓	✓	✓
9	香葱鲜肉包	✓	✓	✓	✓	✓	✓
10	咖喱大烧包	✓	✓	✓	✓	✓	✓
11	拔丝玉米鲜肉包	✓	✓	✓	✓	✓	✓
12	九香鲜肉包	✓	✓	✓	✓	✓	✓
13	四季鲜肉包	—					
14	麻香鸡肉包	—	—	—	—	—	—
15	黑心鲜肉包	✓	✓	✓	✓	✓	✓
16	雪山叉烧包	—					
17	芋见幸福	✓	✓		✓	✓	✓
18	千层螺旋包子	✓	✓		✓	✓	✓
19	隔夜冰种水煎包	✓	✓	✓	✓	✓	✓
20	隔夜冰种鲜肉小笼包	✓	✓	✓	✓	✓	✓
21	珍珠奶茶包	—	—	—	—	—	—
22	焦糖牛奶太妃包	—	—	—	—	—	—
23	低温老面芋香寿桃	✓	✓	✓	✓	✓	✓
24	枣生桂子双喜包	✓	✓		✓	✓	✓
25	心花朵朵开	✓	✓		✓	✓	✓
26	香菇包	✓	✓		✓	✓	✓
27	花漾剪剪包子之三剪包	✓					
28	花漾剪剪包子之四剪包	✓					
29	几何琉璃包	✓				✓	
30	小米花生包	—					
31	红藜芝麻包	—					
32	爆浆流沙包	—					
33	黄金麻蓉包	—	—	—	—	—	—

基础包子

创意包子

基本面团配方速查表

检阅规则：✓ 可使用　✓（灰底）本书使用　— 可使用，但基本面团配方需自行调整　—（灰底）本书使用，与基本面团配方稍不同

	A 直接法	B 中种法	C 汤种	D 隔夜冰种	E 低温老面	F 室温老面
34 海之味馒头	—	—		—	—	—
35 花生好事馒头	—	—		—	—	—
36 XO 酱馒头	—	—		—	—	—
37 伯爵红茶馒头	—	—		—	—	—
38 玫瑰奇亚籽馒头	—	—		—	—	—
39 姜黄糙米馒头	—	—		—	—	—
40 火龙果洛神花馒头	—	—		—	—	—
41 桂花酿馒头	—	—		—	—	—
42 红梨荔香馒头	—	—		—	—	—
43 橘香芒果馒头	—	—		—	—	—
44 龙凤馒头	—	—		—	—	—
45 咖啡亚麻籽馒头	—	—		—	—	—
46 很虾馒头	—	—		—	—	—
47 双枣黑糖馒头	—	—		—	—	—
48 全麦胚芽馒头	—	—		—	—	—
49 紫米馒头	—	—		—	—	—
50 黑噜噜馒头	—	—		—	—	—
51 蝶豆花馒头	—	—			—	—
52 玫瑰花馒头	✓	✓			✓	✓
53 大理石馒头		✓			✓	✓
54 小玉与花莲之西瓜馒头	✓	✓			✓	✓
55 双色木纹芝士馒头	✓	✓			✓	✓
56 蝶豆菊花造型馒头	✓	✓			✓	✓
57 事事如意馒头	✓	✓			✓	✓
58 哇沙米玉米葱花卷	✓	✓			✓	✓
59 火腿芝士葱花卷	✓	✓			✓	✓
60 肉松葱花卷	✓	✓			✓	✓
61 紫薯芋头卷	✓	✓			✓	✓
62 黄金地瓜卷	—	—			—	—
63 芝麻麻薯卷	✓	✓			✓	✓
64 红豆麻薯卷	✓	✓			✓	✓
65 双色花卷	✓	✓			✓	✓
66 魅力四色德式香肠花卷	✓	✓			✓	✓
67 室温面种香葱烙饼	—	—		—	—	—
68 隔夜种培根芝士烙饼	—	—		—	—	—
69 烘烤类葱烧饼	—	—		—	—	—

配方速查表说明

品项	差异说明
4. 幸福肠肠酒酒 7. 哇沙米鲜肉包 14. 麻香鸡肉包	包子有加调色粉类
13. 四季鲜肉包	独立配方，因为加了菠菜
16. 雪山叉烧包 30. 小米花生包 31. 红藜芝麻包 32. 爆浆流沙包	同一个面团配方，变化了馅料

品项	差异说明
40. 火龙果洛神花馒头	因为火龙果果肉含有水分，所以配方中的水分要减少
62. 黄金地瓜卷	因为南瓜果肉含有水分，所以配方中的水分要减少

失败解析

任何失败作品，都可以找出失败的原因。累积经验，不难做出完美的成品。

首先，判断是制作程序中哪一个环节影响了成品。可参考前面第13页“重点整理精华区”，寻找失败的原因。

最常导致失败的原因有：发酵不足，发酵过度，没控制好蒸制的热力。

面团若是变成死面，可能有以下几点原因：

1. 锅中水量太多，蒸汽太强，导致锅盖水滴到面团表面，或面团表面凝聚太多水，而造成死面如粿。
2. 熟制时热力不足，蒸汽不够。锅内水量充足，才有足够的蒸汽。
3. 面团发酵不足，导致组织变得没有弹性，蒸好后轻拍不会回弹或回弹力很差，而变成死面。

面团若是发酵不足，可能有以下几点原因：

1. 面团开始发酵时的组织结构与温度没有把握好，或最后发酵完成的时机没有判断好。
2. 错把盐当糖使用，导致酵母死掉，无法发酵。
3. 酵母活力失效，可能是因为酵母过期。
4. 糖量太多，抑制了发酵。
5. 酵母用量不足。

失败诊断书

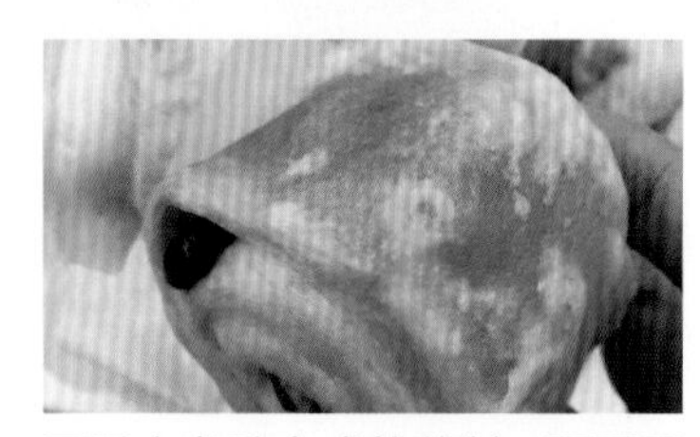

面团未发酵完成就蒸制，面团局部发酵不足，蒸后变成深色，像“粿”的颜色。

面团有发起来，但死面如粿，可能是因为锅中水量太多，蒸汽太强，火候太大，或者离蒸笼水源太近造成的。

错把盐巴当糖使用，酵母失去活性，面团没有发酵。

双色馒头是以压延机制作的，仔细观察，面团的细致度与洁白度都很好，表示温度控制得宜，所以面团温度没有问题。接下来，考虑是不是面团筋性不足，整体支撑力不够导致表面皱缩，再往下推演，最后关键就是发酵与蒸制的问题。

发酵过度，表面皱缩凹陷。

发酵过度，表面皱缩凹陷。

手工擀折压延过度造成的大气泡，面团过于紧致，气孔无法分布平均发酵，以致“集中定点发酵”，气泡膨胀后又缩回去。

失败是因为使用机器压延次数太多次，面团过于紧致，气孔无法分布平均发酵，以致“集中定点发酵”。

X 失败

O 成功

首先，想要包子的纹路清晰，在捏折时要注意：褶皱要捏紧，纹路要长而深；其次，面团一定要柔软，再包馅料，右图面团表面因为拉扯而变薄，没有发酵的空间，导致面团吸收肉包的油脂、水分变成死面；另外，面皮擀太薄包子也会扁塌、皱缩。

蒸好的一大笼包子馒头中出现一个不合群的朋友（如右“失败”图），不论是蒸生面团，还是复蒸，都有可能出现。分析如下：

1. 在面团整形阶段，从第一个面团完成到最后一个面团完成的时间如果超过 20 分钟，则第一个面团整形后就先发酵了至少 20 分钟，就可能与最后一个成品的发酵效果差别过大。要防止此状况发生，可以减少面团的含水量和酵母量，或一次不要制作太多面团，或加快制作的速度，如此缩短第一个与最后一个发酵的时间差。
2. 如果复蒸馒头皱缩了，可能是因为面团过度发酵，面团组织孔洞太大；也可能是因为复蒸太久，馒头筋性减弱了，造成面团支撑力不足，出锅后皱缩。
3. 蒸制熟成度不足，也会造成此状况。

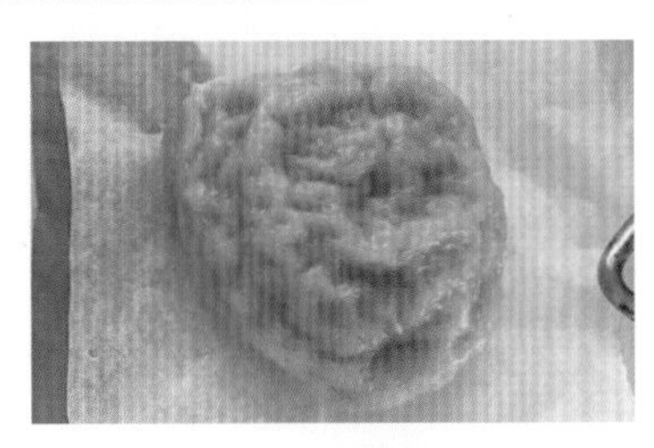

X 失败

O 成功

第2章

基础包子这样做

影片示范

包子整形这样做

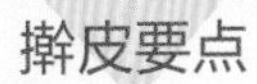

擀皮要点

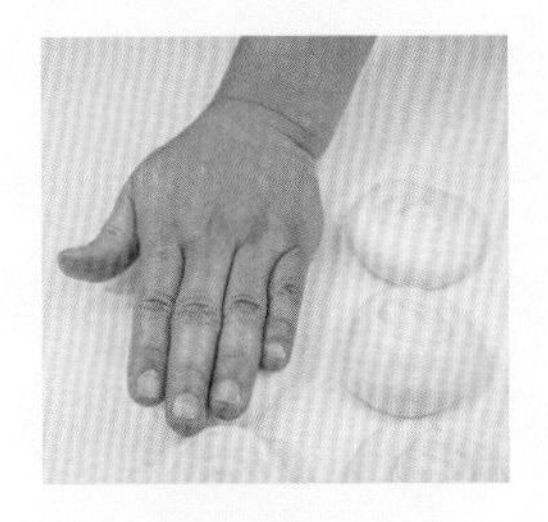

1. 沾取适量手粉，手掌轻轻拍开面团。

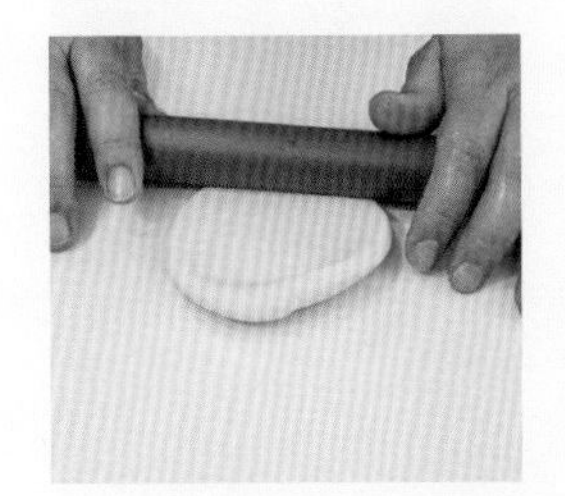

2. 取擀面棍稍微擀开。

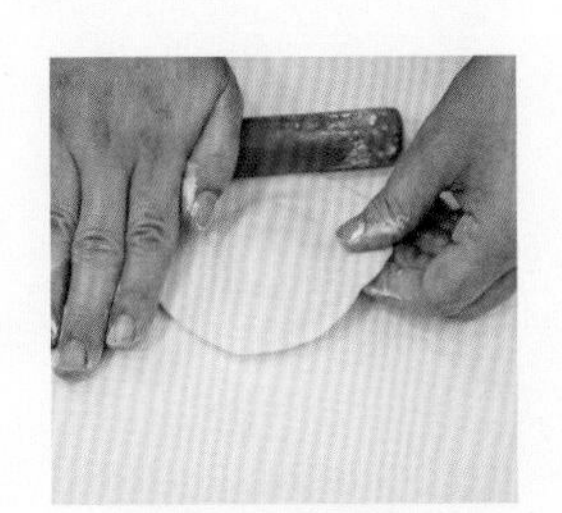

3. 左手持着面团边缘，右手持擀面棍依顺时针方向擀压。

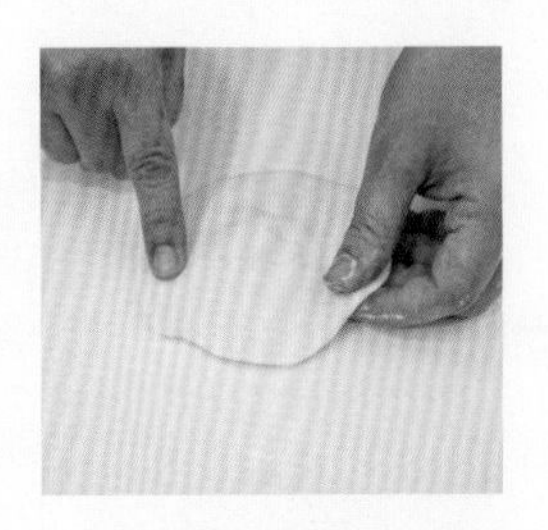

4. 擀成中间厚边缘薄的面皮。

包馅整形要点

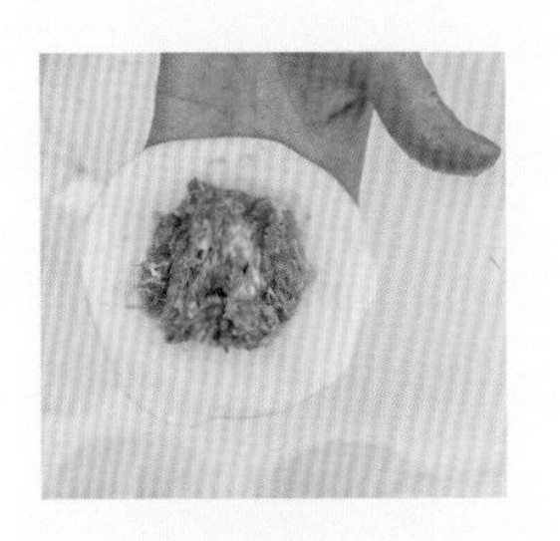

1. 左手托着面皮，放上馅料。

2. 左手大拇指压住馅料。

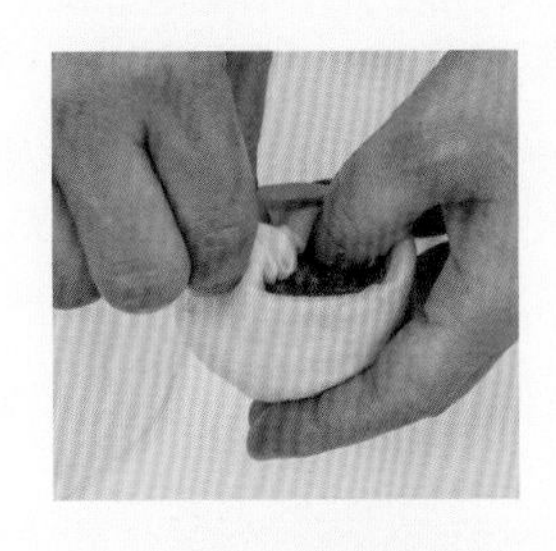

3. 右手大拇指定住不动，靠食指抓住面团。

4. 左手顺时针转动面皮，右手持续往前捏。

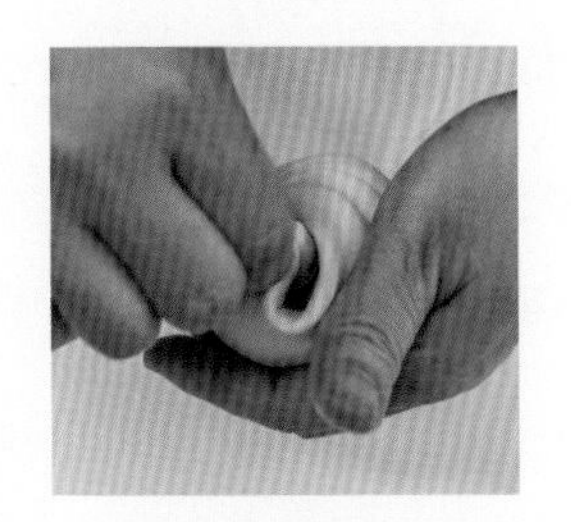

5. 旋转捏紧每一个折子。

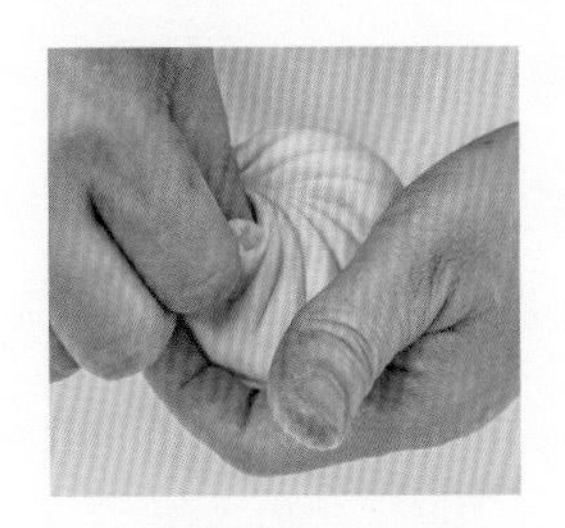

6. 最后收口接住起点。

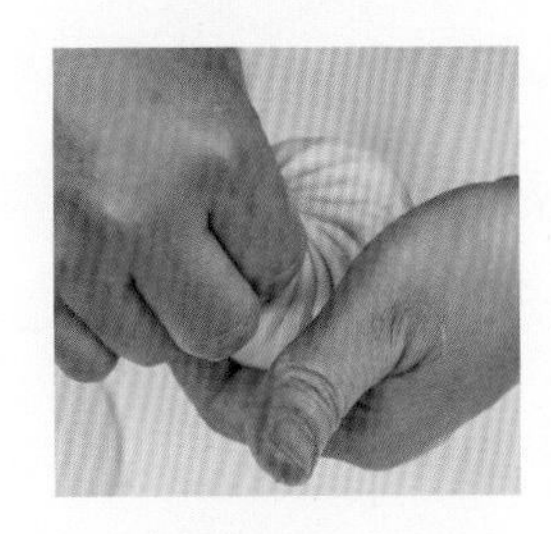

7. 捏紧即可，收口朝上。

8. 完成。

01 台南肉包

材料 Ingredients

份量 8 个

面团平均分割 8 个

馅料

猪绞肉	1000g
盐	8g
细砂糖	40g
五香粉	1g
味精	5g
白胡椒粉	4g
金兰酱油膏 *	100g
猪油	30g
鸡蛋	1 颗
马铃薯淀粉	10g
油葱酥 **	150g
姜末	50g
水	150g

做法 Methods

手揉搅拌 + 手擀

馅料

1. a. 猪绞肉与盐搅拌出黏性。
   b. 加入白胡椒粉、味精、五香粉、细砂糖拌匀。
   c. 加入鸡蛋拌匀，加入姜末、金兰酱油膏、猪油、油葱酥拌匀。
   d. 加入马铃薯淀粉拌匀，分次加入水或高汤拌匀（此为打水手法，可增加肉的水分，让包子蒸好时肉馅产生更多汤汁），放入容器或保鲜盒妥善封起，冷冻 1 小时备用。
   ★ 猪绞肉一定要冰的，肉的温度越低吸水性越强，绞肉在搅拌过程中会越来越有弹性，肉质更扎实；打水时使用冰水更佳，肉品可以吸收更多的水分。
   ★ 猪绞肉的瘦肥比以 7：3 口感较佳，细致度则以中绞或粗绞为主，两者都可以在食用中吃出肉质组织的鲜味与甜味。

搅拌压延

2. 详见第 19 页“中种法面团”配方，第 8 ~ 10 页面团搅拌、压延手法。

分割

3. 面片卷起成长条状，面团分割为每个 65g；馅取 320g，分割为每个 40g。

整形

4. 详见第 27 页擀圆面皮、包馅整形手法。

发酵

5. 纹路朝上放在裁好的烘焙纸上，直接放入蒸笼以室温（或使用烤箱 / 发酵箱）发酵，取 20 ~ 30g 面团搓圆放入水中测试发酵状态，最后发酵 20 ~ 30 分钟。

蒸制

6. 蒸锅水预先煮滚，将发酵好的面团入蒸笼以大火蒸 15 分钟即可。

编者注：* 金兰酱油膏是酱油汁添加糯米、淀粉及适量白砂糖等调煮而成的，具有黏性。网络有售。
** 油葱酥是以红葱头碎油炸而成，网络有售。

02 剥皮辣椒包

材料 Ingredients

份量 8 个

面团平均分割 8 个

馅料

馅料	
猪绞肉	1000g
盐	9g
细砂糖	30g
味精	5g
白胡椒粉	4g
酱油	60g
猪油	30g
鸡蛋	1 颗
姜末	50g
马铃薯淀粉	10g
水	100g
油葱酥	80g
剥皮辣椒	200g
榨菜	150g

作法 Methods

手揉搅拌 + 手擀

馅料

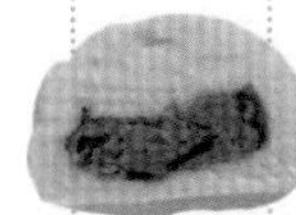

1. a. 将市售剥皮辣椒取出，直接切成 0.5cm 小段；榨菜是腌渍食品，本身有咸味，使用前需泡水将盐分洗掉，取出切丁使用。猪绞肉与盐搅拌出黏性。
   b. 加入白胡椒粉、味精、细砂糖拌匀。
   c. 加入鸡蛋拌匀，加入姜末、酱油、猪油、油葱酥拌匀。
   d. 加入马铃薯淀粉拌匀，分次加入水或高汤拌匀（此为打水手法，可增加肉的水分，让包子蒸好时肉馅产生更多汤汁），放入容器或保鲜盒妥善封起，冷冻 1 小时备用。
   e. 剥皮辣椒、榨菜两种食材在整形包馅时再与腌好的绞肉搅拌均匀使用。
   ★ 猪绞肉的瘦肥比以 7 : 3 口感较佳，细致度则以中绞或粗绞为主，两者都可以在食用中吃出肉质组织的鲜味与甜味。

搅拌压延

2. 详见第 20 页“低温老面面团”配方，第 8 ~ 10 页面团搅拌、压延手法。

分割

3. 面片卷起成长条状，面团分割为每个 65g；馅取 320g，分割为每个 40g。

整形

4. 详见第 27 页擀圆面皮、包馅整形手法。

发酵

5. 纹路朝上放在裁好的烘焙纸上，直接放入蒸笼以室温（或使用烤箱 / 发酵箱）发酵，取 20 ~ 30g 面团搓圆放入水中测试发酵状态，最后发酵 20 ~ 30 分钟。

蒸制

6. 蒸锅水预先煮滚，将发酵好的面团入蒸笼以大火蒸 15 分钟即可。

03 蚂蚁上树

材料 Ingredients

份量 8 个

面团平均分割 8 个

馅料

干冬粉	300g
盐	3g
细砂糖	20g
白胡椒粉	2g
味精	5g
猪绞肉	200g
泡水香菇丁	150g
虾米	50g
油葱酥	50g
酱油	适量
水	适量
包菜丝	200g
胡萝卜丝	60g

做法 Methods

手揉搅拌 + 手擀

馅料

1. a. 干香菇洗净泡水，挤干水分切丁，取 150g 份量。
   b. 虾米活水略微冲洗，泡水 5 分钟；包菜切成 0.5cm 宽。
   c. 准备一锅沸水放入干冬粉焖 2 分钟，待冬粉透明后将水沥干。
   d. 钢盆放入冬粉，加入适量香油防止沾黏，盖上盖子焖 30 分钟，再将冬粉切小段。
   e. 香菇丁、虾米炒香后取出，再加入猪绞肉炒熟，加入油葱酥炒香，加入包菜丝、胡萝卜丝炒熟，最后所有食材与调味料拌炒均匀备用。（图 1）
   f. 将炒好的料加入适量酱油与水，加入冬粉拌炒均匀即可。（图 2 ~ 图 4）

搅拌压延

2. 详见第 19 页“汤种面团”配方，第 8 ~ 10 页面团搅拌、压延手法。

分割

3. 面片卷起成长条状，面团分割为每个 65g；馅取 320g，分割为每个 40g。

整形

4. 详见第 27 页擀圆面皮、包馅整形手法。

发酵

5. 纹路朝上放在裁好的烘焙纸上，直接放入蒸笼以室温（或使用烤箱 / 发酵箱）发酵，取 20 ~ 30g 面团搓圆放入水中测试发酵状态，最后发酵 20 ~ 30 分钟。

蒸制

6. 蒸锅水预先煮滚，将发酵好的面团入蒸笼以大火蒸 10 分钟即可。

04 幸福肠肠酒酒

材料 Ingredients

份量 8 个

材料	用量
中筋面粉	300g
即溶酵母粉	3g
鲜奶	138g
细砂糖	33g
油	4.5g
低温老面	60g
红曲粉	5g
盐	1.5g

馅料

材料	用量
猪绞肉	1000g
盐	9g
细砂糖	30g
白胡椒粉	4g
味精	5g
香蒜粉	20g
蒜泥	30g
黑胡椒粒	8g
酱油	40g
香油	30g
马铃薯淀粉	10g
杏鲍菇丁	200g
煎熟的高粱酒香肠丁	300g
青葱	50g
水	100g

做法 Methods

手揉搅拌 + 手擀

馅料

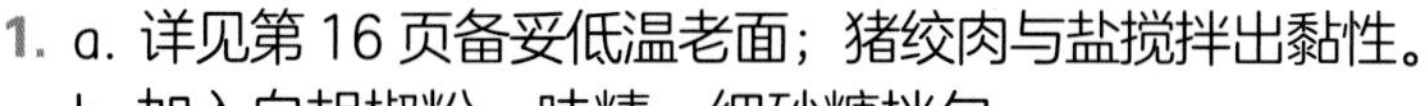

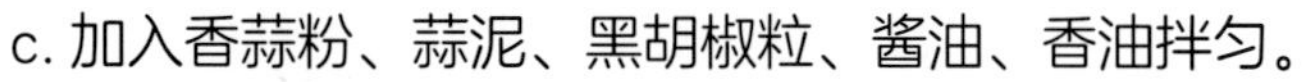

1. a. 详见第 16 页备妥低温老面；猪绞肉与盐搅拌出黏性。
   b. 加入白胡椒粉、味精、细砂糖拌匀。
   c. 加入香蒜粉、蒜泥、黑胡椒粒、酱油、香油拌匀。
   d. 加入马铃薯淀粉拌匀，分次加入水或高汤拌匀（此为打水手法，可增加肉的水分，让包子蒸好时肉馅产生更多汤汁），加入煎熟的高粱酒香肠丁拌匀后放入容器或保鲜盒妥善封起，冷冻 1 小时备用。
   e. 使用前加入杏鲍菇丁与青葱花拌均匀即可。

搅拌

2. 细砂糖与鲜奶充分拌匀；钢盆放入面粉与其他材料，倒入混匀的液体材料揉至面团表面光滑。

压延

3. 面团擀卷 3 折 3 次，擀成均匀光亮面片。

分割

4. 面片卷起成长条状，分割为每个 65g；馅取 320g，分割为每个 40g。

整形

5. 详见第 27 页擀圆面皮、包馅整形手法。

发酵

6. 纹路朝上放在裁好的烘焙纸上，直接放入蒸笼以室温（或使用烤箱 / 发酵箱）发酵，取 20 ~ 30g 面团搓圆放入水中测试发酵状态，最后发酵 20 ~ 30 分钟。

蒸制

7. 蒸锅水预先煮滚，将发酵好的面团入蒸笼以大火蒸 15 分钟即可。

05

脆瓜芋头肉包

材料 Ingredients

份量 8 个

面团平均分割　8 个

馅料

材料	用量
猪绞肉	1000g
金兰酱油膏	80g
李锦记酱油膏	80g
甜面酱	60g
白胡椒粉	4g
细砂糖	20g
味精	5g
鸡蛋	1 颗
马铃薯淀粉	10g
香油	20g
姜末	50g
蒸熟的芋头	200g
脆瓜	200g
水	100g

做法 Methods

手揉搅拌 + 手擀

馅料

1. a. 猪绞肉加入白胡椒粉、味精、细砂糖拌匀。

b. 加入鸡蛋拌匀，加入姜末、两款酱油膏、甜面酱、香油拌匀。

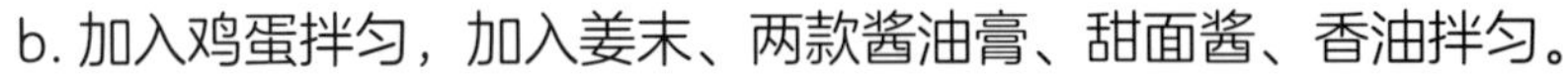

c. 加入马铃薯淀粉拌匀，分次加入水或高汤拌匀（此为打水手法，可增加肉的水分，让包子蒸好时肉馅产生更多汤汁），放入容器或保鲜盒妥善封起，冷冻 1 小时备用。

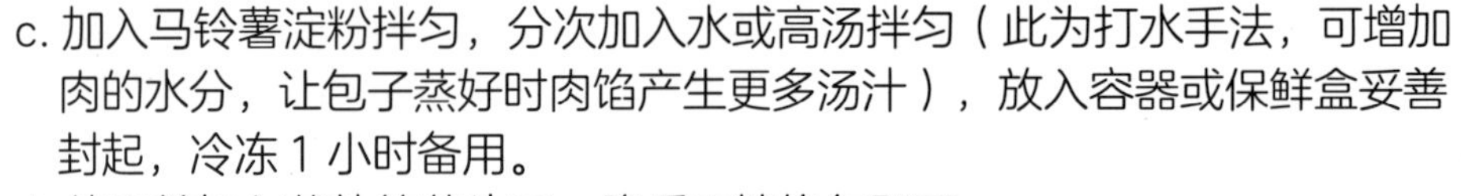

d. 使用前加入蒸熟的芋头丁、脆瓜丁拌均匀即可。

★ 猪绞肉一定要冰的，肉的温度越低吸水性越强，绞肉在搅拌过程中会越来越有弹性，肉质更扎实；打水时使用冰水更佳，肉品可以吸收更多的水分。

★ 猪绞肉的瘦肥比以 7 : 3 口感较佳，细致度则以中绞或粗绞为主，两者都可以在食用中吃出肉质组织的鲜味与甜味。

搅拌压延

2. 详见第 19 页“中种面团”配方，第 8 ~ 10 页面团搅拌、压延手法。

分割

3. 面片卷起成长条状，面团分割为每个 65g；馅取 320g，分割为每个 40g。

整形

4. 详见第 27 页擀圆、包馅整形手法。

发酵

5. 纹路朝上放在裁好的烘焙纸上，直接放入蒸笼以室温（或使用烤箱 / 发酵箱）发酵，取 20 ~ 30g 面团搓圆放入水中测试发酵状态，最后发酵 20 ~ 30 分钟。

蒸制

6. 蒸锅水预先煮滚，将发酵好的面团入蒸笼以大火蒸 15 分钟即可。

06

麦穗包

影片示范

（续下页）

材料 Ingredients

份量 8 个

面团平均分割　8 个

馅料

馅料	
包菜	1000g
胡萝卜	40g
泡发的木耳	50g
油豆皮	80g
干冬粉	70g
芹菜	50g
油葱酥	50g
萝卜干泡水后	100g

调味料

调味料	
熟白芝麻	10g
盐	7g
味精	5g
细砂糖	5g
香油	20g
白胡椒粉	2g

做法 Methods

手揉搅拌 + 手擀

馅料

1. a. 准备一锅沸水放入干冬粉焖 2 分钟，待冬粉透明后将水沥干。
   b. 钢盆放入冬粉，加入适量香油防止沾黏，盖上盖子焖 30 分钟，再将冬粉切小段。
   c. 萝卜干泡水将盐分泡掉，泡 10 ~ 15 分钟，挤干水分切丁；芹菜切粒。
   d. 木耳洗净泡发，挤干水分切丝；油豆皮切成 2cm 宽。
   e. 胡萝卜去皮切丝；包菜切成 1.5cm 指甲片，加入盐 10g 软化 10 分钟，再将盐水倒掉。
   f. 将以上材料全部混合均匀，加入调味料拌匀即可。

搅拌压延

2. 详见第 20 页“低温老面面团”配方，第 8 ~ 10 页面团搅拌、压延手法。

分割

3. 面片卷起成长条状，分割为 8 个面团，馅取 320g，分割为每个 40g。

擀圆

4. 沾适量手粉将面团压扁，取擀面棍擀开，再擀成外围薄中间厚、直径约 8cm 的圆形面皮。

整形

5. 面皮包入馅料（咸馅或甜馅可自由变化），左手托着面皮，右手大拇指、食指各自捏起褶皱，一步步向前捏。捏制过程中为了防止馅料位移溢出，左手大拇指可辅助将馅料压入。右手将面皮持续往前捏，最后收尾搓尖。（图 1 ~ 图 12）

发酵

6. 放在裁好的烘焙纸上，直接放入蒸笼以室温（或使用烤箱 / 发酵箱）发酵，取 20 ~ 30g 面团搓圆放入水中测试发酵状态，最后发酵 20 ~ 30 分钟。

蒸制

7. 蒸锅水预先煮滚，将发酵好的面团入蒸笼以大火蒸 10 分钟即可。

07 哇沙米鲜肉包

材料 Ingredients　份量 8 个

面团平均分割　8 个

馅料

猪绞肉	1000g	马铃薯淀粉	10g
细砂糖	20g	凉薯	250g
芥末椒盐	60g	芥末酱	20g
鸡蛋	1 颗	青葱	50g
酱油	60g	水	100g
香油	20g		

抹料

芥末酱	200g

做法 Methods 手揉搅拌 + 手擀

备馅

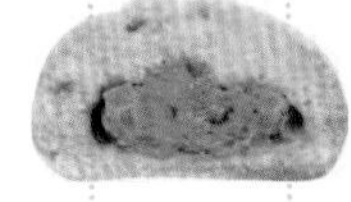

1. a. 猪绞肉与芥末椒盐拌匀。
   b. 加入细砂糖拌匀。
   c. 加入鸡蛋拌匀，加入酱油、香油、芥末酱拌匀。
   d. 加入马铃薯淀粉拌匀，分次加入水或高汤拌匀（此为打水手法，可增加肉的水分，让包子蒸好时肉馅产生更多汤汁），放入容器或保鲜盒妥善封起，冷冻 1 小时备用。
   e. 使用前加入凉薯丁、青葱花拌匀即可。

   ★ 猪绞肉一定要冰的，肉的温度越低吸水性越强，绞肉在搅拌过程中会越来越有弹性，肉质更扎实；打水时使用冰水更佳，肉品可以吸收更多的水分。

   ★ 猪绞肉的瘦肥比以 7:3 口感较佳，细致度则以中绞或粗绞为主，两者都可以在食用中吃出肉质组织的鲜味与甜味。

搅拌压延

2. 详见第 20 页“低温老面面团”配方，第 8 ~ 10 页面团搅拌、压延手法完成面团，取面团 60g 与抹茶粉 2g 染成绿色面团。

分割

3. 面片卷起成长条状，粘上绿色线条面团，分割成每个 65g；馅取 320g，分割为每个 65g。（图 1 ~图 3）

整形

4. 详见第 27 页擀圆、包馅整形手法，包馅前先在面皮中间抹上 5g 芥末酱。（图 4 ~图 8）

发酵

5. 纹路朝上放在裁好的烘焙纸上，直接放入蒸笼以室温（或使用烤箱 / 发酵箱）发酵，取 20 ~ 30g 面团搓圆放入水中测试发酵状态，最后发酵 20 ~ 30 分钟。

蒸制

6. 蒸锅水预先煮滚，将发酵好的面团入蒸笼以大火蒸 15 分钟即可。

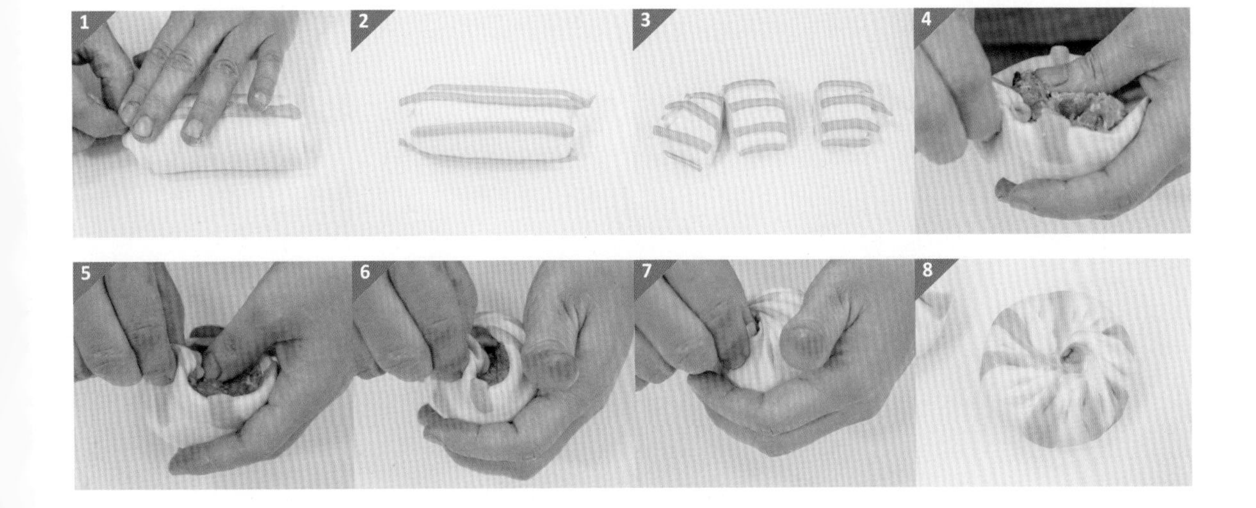

08
乳香鲜肉包

材料 Ingredients

份量 8 个

面团平均分割 8 个

馅料 A

猪绞肉	1000g	金兰酱油膏	50g
豆腐乳	100g	姜末	50g
细砂糖	30g	豆瓣酱	20g
五香粉	1g	马铃薯淀粉	10g
味精	5g	青葱	50g
白胡椒粉	4g	凉薯	150g
鸡蛋	1 颗	油葱酥	60g
猪油	30g	水	130g

馅料 B

熟鹌鹑蛋	8 颗

做法 Methods

手揉搅拌 + 手擀

备馅

1. a.【馅料 A】猪绞肉中加入豆腐乳，搅拌出黏性。
   b. 加入白胡椒粉、味精、五香粉、细砂糖、豆瓣酱拌匀。
   c. 加入鸡蛋拌匀，加入姜末、金兰酱油膏、猪油以及油葱酥拌匀。
   d. 加入马铃薯淀粉拌匀，分次加入水或高汤拌匀（此为打水手法，可增加肉的水分，让包子蒸好时肉馅产生更多汤汁），放入容器或保鲜盒妥善封起，冷冻 1 小时备用。

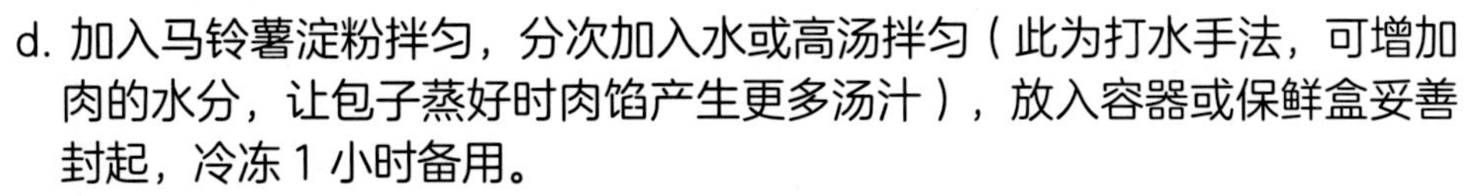

   e. 使用前加入凉薯丁、青葱花拌均匀即可。
   f.【馅料 B】熟鹌鹑蛋 8 颗剥壳后与酱油 100g、饮用水 250g 泡一天。

   ★ 猪绞肉一定要冰的，肉的温度越低吸水性越强，绞肉在搅拌过程中会越来越有弹性，肉质更扎实；打水时使用冰水更佳，肉品可以吸收更多的水分。
   ★ 猪绞肉的瘦肥比以 7 : 3 口感较佳，细致度则以中绞或粗绞为主，两者都可以在食用中吃出肉质组织的鲜味与甜味。

搅拌 压延

2. 详见第 20 页“低温老面面团”配方，第 8 ~ 10 页面团搅拌、压延手法。

分割

3. 面片卷起成长条状，面团分割为每个 65g；馅料 A 取 320g，分割为每个 40g。

整形

4. 详见第 27 页擀圆、包馅整形手法，在面皮上依序放上馅料 A、B，整形。（右图）

发酵

5. 纹路朝上放在裁好的烘焙纸上，直接放入蒸笼以室温（或使用烤箱 / 发酵箱）发酵，取 20 ~ 30g 面团搓圆放入水中测试发酵状态，最后发酵 20 ~ 30 分钟。

蒸制

6. 蒸锅水预先煮滚，将发酵好的面团入蒸笼以大火蒸 15 分钟即可。

09
香葱鲜肉包

材料 Ingredients　份量 8 个

面团平均分割　8 个

基底肉馅

材料	用量	材料	用量
猪绞肉	1200g	酱油	70g
盐	10g	猪油	30g
细砂糖	35g	马铃薯淀粉	10g
白胡椒粉	4g	鸡蛋	1 颗
味精	5g	油葱酥	150g
姜末	50g	水	150g

肉馅辅料

青葱	100g
洋葱	150g

馅料心

烤熟咸蛋黄	8 颗

做法 Methods　手揉搅拌 + 手擀

备馅

1. a. 猪绞肉与盐搅拌出黏性。咸蛋黄烘烤前喷米酒，温度以上火 180°C / 下火 170°C 烘烤，时间 15 分钟。
   b. 加入白胡椒粉、味精、细砂糖拌匀。
   c. 加入鸡蛋拌匀，加入姜末、酱油、猪油、油葱酥拌匀。

   d. 加入马铃薯淀粉拌匀，分次加入水或高汤拌匀（此为打水手法，可增加肉的水分，让包子蒸好时肉馅产生更多汤汁），放入容器或保鲜盒妥善封起，冷冻 1 小时备用。
   e. 使用前加入洋葱丁、青葱花拌匀即可。

   ★ 猪绞肉一定要冰的，肉的温度越低吸水性越强，绞肉在搅拌过程中会越来越有弹性，肉质更扎实；打水时使用冰水更佳，肉品可以吸收更多的水分。
   ★ 猪绞肉的瘦肥比以 7 : 3 口感较佳，细致度则以中绞或粗绞为主，两者都可以在食用中吃出肉质组织的鲜味与甜味。

搅拌压延

2. 详见第 20 页“低温老面面团”配方，第 8 ~ 10 页面团搅拌、压延手法。

分割

3. 面片卷起成长条状，面团分割为每个 65g；基底肉馅取 320g，分割为每个 40g。

整形

4. 详见第 27 页擀圆、包馅整形手法，在面皮上依序放上基底肉馅、肉馅辅料、馅料心整形。（右图）

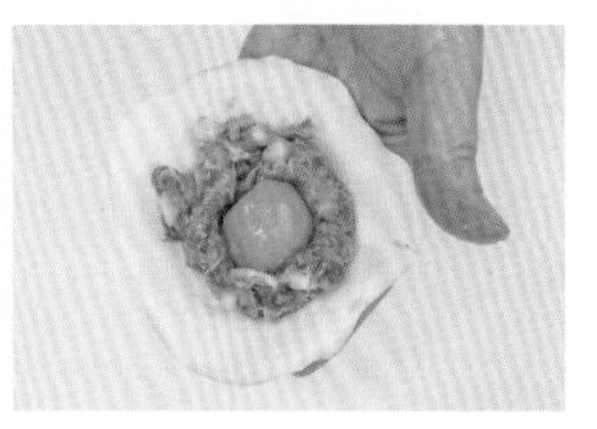

发酵

5. 纹路朝上放在裁好的烘焙纸上，直接放入蒸笼以室温（或使用烤箱 / 发酵箱）发酵，取 20 ~ 30g 面团搓圆放入水中测试发酵状态，最后发酵 20 ~ 30 分钟。

蒸制

6. 蒸锅水预先煮滚，将发酵好的面团入蒸笼以大火蒸 15 分钟即可。

10 咖喱大烧包

材料
Ingredients

份量 8 个

面团平均分割　8 个

馅料

原料	用量
猪颈肉	500g
洋葱	150g
胡萝卜	300g
马铃薯	300g
咖喱块	4 块
水	50g
澄粉	40g

腌料

原料	用量
盐	3g
细砂糖	5g
味精	2g
白胡椒粉	1g
酱油	10g
香油	10g
马铃薯淀粉	5g

做法 Methods　手揉搅拌 + 手擀

备馅

1. a. 胡萝卜、马铃薯、洋葱去皮，切成 1cm 正方丁。
   b. 猪颈肉切成1cm 正方丁，与腌料一同腌至入味，炒熟备用。（图1 ~图2）
   c. 洋葱爆香，加入胡萝卜丁、马铃薯丁拌匀，加入足够淹过食材的水，煮至胡萝卜变软。（图 3 ~图 6）
   d. 加入炒熟的猪颈肉继续煮，水分快收完时加入咖喱块拌炒均匀，以适量澄粉水（混合配方澄粉 40g、水 50g）勾芡，放凉备用。（图 7 ~图 12）

搅拌压延

2. 详见第 19 页“汤种面团”配方，第 8 ~ 10 页面团搅拌、压延手法。

分割

3. 面片卷起成长条状，面团分割为每个 65g；馅取 320g，分割为每个 40g。

整形

4. 详见第 27 页擀圆、包馅整形手法。

发酵

5. 纹路朝上放在裁好的烘焙纸上，直接放入蒸笼以室温（或使用烤箱 / 发酵箱）发酵，取 20 ~ 30g 面团搓圆放入水中测试发酵状态，最后发酵 20 ~ 30 分钟。

蒸制

6. 蒸锅水预先煮滚，将发酵好的面团入蒸笼以大火蒸 15 分钟即可。

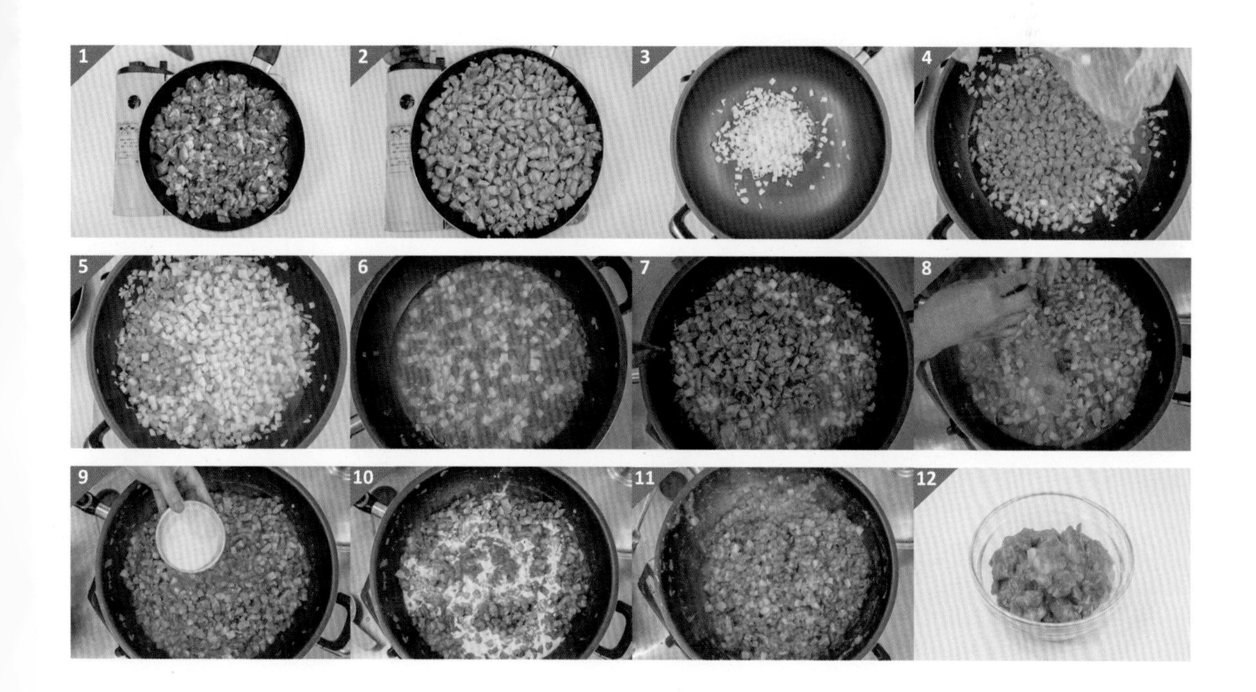

11 拔丝玉米鲜肉包

材料 Ingredients　　份量 8 个

面团平均分割　8 个

馅料 A				馅料 B	
猪绞肉	1300g	香油	20g	奶酪丝	80g
盐	9g	马铃薯淀粉	10g		
细砂糖	40g	鸡蛋	1 颗		
白胡椒粉	3g	熟玉米粒	250g		
味精	5g	洋葱	150g		
黑胡椒粒	6g	芹菜	50g		
酱油	50g	水	100g		

做法 Methods　　手揉搅拌 + 手擀

备馅

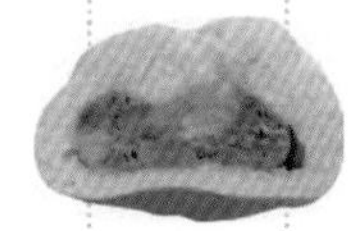

1. a. 猪绞肉与盐搅拌出黏性。
   b. 加入白胡椒粉、味精、细砂糖拌匀。
   c. 加入鸡蛋拌匀，加入黑胡椒粒、酱油、香油拌匀。
   d. 加入马铃薯淀粉拌匀，分次加入水或高汤拌匀（此为打水手法，可增加肉的水分，让包子蒸好时肉馅产生更多汤汁），放入容器或保鲜盒妥善封起，冷冻 1 小时备用。
   e. 使用前加入熟玉米粒、洋葱粒、芹菜粒拌匀即可。

   ★ 猪绞肉一定要冰的，肉的温度越低吸水性越强，绞肉在搅拌过程中会越来越有弹性，肉质更扎实；打水时使用冰水更佳，肉品可以吸收更多的水分。

   ★ 猪绞肉的瘦肥比以 7:3 口感较佳，细致度则以中绞或粗绞为主，两者都可以在食用中吃出肉质组织的鲜味与甜味。

搅拌压延

2. 详见第 20 页“低温老面面团”配方，第 8 ~ 10 页面团搅拌、压延手法。

分割

3. 面片卷起成长条状，面团分割为每个 65g；馅料 A 取 320g，分割为每个 40g。

整形

4. 详见第 27 页擀圆、包馅整形手法，在面皮上依序放上馅料 A、B，整形。（右图）

发酵

5. 纹路朝上放在裁好的烘焙纸上，直接放入蒸笼以室温（或使用烤箱 / 发酵箱）发酵，取 20 ~ 30g 面团搓圆放入水中测试发酵状态，最后发酵 20 ~ 30 分钟。

蒸制

6. 蒸锅水预先煮滚，将发酵好的面团入蒸笼以大火蒸 15 分钟即可。

12 九香鲜肉包

材料 Ingredients

份量 8 个

面团平均分割 8 个

馅料 A

猪绞肉	1000g
盐	9g
味精	5g
细砂糖	30g
白胡椒粉	4g
姜末	50g
鸡蛋	1 颗
酱油	50g
香油	20g
马铃薯淀粉	10g
水	150g
九层塔（罗勒）	100g
煮熟的毛豆	100g
牛番茄	150g

做法 Methods

手揉搅拌 + 手擀

备馅

1. a. 猪绞肉与盐搅拌出黏性；牛番茄切丁。
   b. 加入白胡椒粉、味精、细砂糖拌匀。
   c. 加入鸡蛋拌匀，加入姜末、酱油、香油拌匀。
   d. 加入马铃薯淀粉拌匀，分次加入水或高汤拌匀（此为打水手法，可增加肉的水分，让包子蒸好时肉馅产生更多汤汁），放入容器或保鲜盒妥善封起，冷冻 1 小时备用。
   e. 包子整形前，将九层塔、煮熟的毛豆、牛番茄丁与绞肉拌均匀即可。

   ★ 猪绞肉一定要冰的，肉的温度越低吸水性越强，绞肉在搅拌过程中会越来越有弹性，肉质更扎实；打水时使用冰水更佳，肉品可以吸收更多的水分。

   ★ 猪绞肉的瘦肥比以 7：3 口感较佳，细致度则以中绞或粗绞为主，两者都可以在食用中吃出肉质组织的鲜味与甜味。

搅拌压延

2. 详见第 20 页“低温老面面团”配方，第 8 ~ 10 页面团搅拌、压延手法。

分割

3. 面片卷起成长条状，面团分割为每个 65g；馅取 320g，分割为每个 40g。

整形

4. 详见第 27 页擀圆、包馅整形手法。

发酵

5. 纹路朝上放在裁好的烘焙纸上，直接放入蒸笼以室温（或使用烤箱 / 发酵箱）发酵，取 20 ~ 30g 面团搓圆放入水中测试发酵状态，最后发酵 20 ~ 30 分钟。

蒸制

6. 蒸锅水预先煮滚，将发酵好的面团入蒸笼以大火蒸 15 分钟即可。

13 四季鲜肉包

材料
Ingredients

份量 8 个

中筋面粉	300g
即溶酵母粉	3g
鲜奶菠菜汁	150g
细砂糖	30g
油	5g

馅料 A

四季豆	30g
基底肉馅（第 45 页）	250g
泡开的香菇	20g
油葱酥	20g

做法
Methods

手揉搅拌 + 手擀

备料

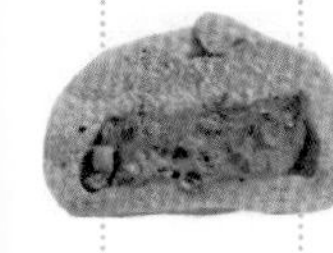

1. a. 泡开的香菇切丁炒香。
   b. 鲜奶 100g 与菠菜 100g 用果汁机搅碎，取鲜奶菠菜汁 150g 备用；基底肉馅参照第 41 页“香葱鲜肉包”步骤 1.a~d，整形前与四季豆粒、香菇、油葱酥拌匀。

   ★ 猪绞肉的瘦肥比以 7:3 口感较佳，细致度则以中绞或粗绞为主，两者都可以在食用中吃出肉质组织的鲜味与甜味。

搅拌

2. 细砂糖与鲜奶菠菜汁充分拌匀；钢盆内放入面粉与其他材料，倒入混匀的液体材料，揉至面团表面光滑。

压延

3. 面团擀折 3 折 3 次，擀成均匀光亮面片。

分割

4. 面片卷起成长条状，面团分割为每个 65g；馅取 320g，分割为每个 40g。

整形

5. 详见第 27 页擀圆、包馅整形手法。

发酵

6. 纹路朝上放在裁好的烘焙纸上，直接放入蒸笼以室温（或使用烤箱 / 发酵箱）发酵，取 20 ~ 30g 面团搓圆放入水中测试发酵状态，最后发酵 20 ~ 30 分钟。

蒸制

7. 蒸锅水预先煮滚，将发酵好的面团入蒸笼以大火蒸 15 分钟即可。

14 麻香鸡肉包

材料 Ingredients

份量 8 个

材料	用量
中筋面粉	300g
即溶酵母粉	3g
鲜奶	138g
细砂糖	33g
油	4.5g
低温老面	60g
辣椒粉（细）	6g
盐	1.5g

馅料

材料	用量
去骨鸡腿肉	1000g
盐	9g
金兰酱油膏	60g
细砂糖	30g
白胡椒粉	4g
味精	5g
韩式辣椒粉（粗）	30g
辣椒粉（细）	30g
花椒粉	4g
鸡蛋	1 颗
香油	20g
杏鲍菇丁	300g
马铃薯淀粉	10g
西芹	100g
水	150g

做法 Methods

手揉搅拌 + 手擀

备馅

1. a. 详见第 16 页备妥低温老面；去骨鸡腿肉与盐搅拌出黏性。

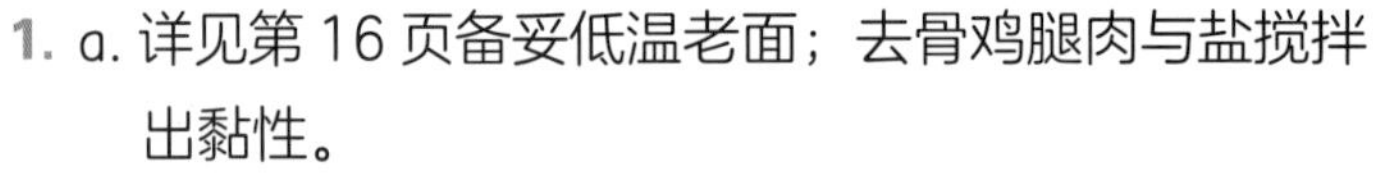

   b. 加入白胡椒粉、味精、细砂糖、花椒粉、两款辣椒粉拌匀。
   c. 加入鸡蛋拌匀，加入金兰酱油膏、香油拌匀。

   d. 加入马铃薯淀粉拌匀，分次加入水或高汤拌匀（此为打水手法，可增加肉的水分，让包子蒸好时肉馅产生更多汤汁），放入容器或保鲜盒妥善封起，冷冻 1 小时备用。
   e. 杏鲍菇取头部切丁；馅料使用前加入杏鲍菇丁、西芹丁拌匀。

搅拌

2. 细砂糖与鲜奶充分拌匀；钢盆放入面粉与其他材料，倒入混匀的液体材料揉至面团表面光滑。

压延

3. 面团擀折 3 折 3 次，擀成均匀光亮面片。

分割

4. 面片卷起成长条状，面团分割为每个 65g；馅取 320g，分割为每个 40g。

整形

5. 详见第 27 页擀圆、包馅整形手法。

发酵

6. 纹路朝上放在裁好的烘焙纸上，直接放入蒸笼以室温（或使用烤箱 / 发酵箱）发酵，取 20 ~ 30g 面团搓圆放入水中测试发酵状态，最后发酵 20 ~ 30 分钟。

蒸制

7. 蒸锅水预先煮滚，将发酵好的面团入蒸笼以大火蒸 15 分钟即可。

15 黑心鲜肉包

材料 Ingredients

份量 8 个

面团平均分割 8 个

馅料 A

材料	用量
猪绞肉	1000g
盐	9g
细砂糖	30g
沙茶酱	20g
味精	5g
白胡椒粉	4g
鸡蛋	1 颗
酱油	50g
猪油	20g
姜末	50g
油葱酥	50g
马铃薯淀粉	10g
水	100g
煮熟的毛豆	150g

馅料 B

材料	用量
炸过的皮蛋	8 瓣
烤熟的咸蛋黄	8 瓣

做法 Methods

手揉搅拌 + 手擀

备馅

1. a.【馅料 B】咸蛋黄以上火 180℃ / 下火 170°C 烘烤 15 分钟，烤好后一开二切两瓣备用。
   b. 将皮蛋油炸，炸好后一开四切四瓣备用。
   c.【馅料 A】猪绞肉与盐搅拌出黏性。
   d. 加入白胡椒粉、味精、白砂糖、沙茶酱拌匀。
   e. 加入鸡蛋拌匀，加入姜末、酱油、猪油、油葱酥拌匀。
   f. 加入马铃薯淀粉拌匀，分次加入水或高汤拌匀（此为打水手法，可增加肉的水分，让包子蒸好时肉馅产生更多汤汁），加入容器或保鲜盒妥善封起，冷冻 1 小时备用。
   g. 使用前加入煮熟的毛豆拌匀即可。

搅拌压延

2. 详见第 20 页“低温老面面团”配方，第 8 ~ 10 页面团搅拌、压延手法。

分割

3. 面片卷起成长条状，分割为每个 65g；馅料 A 取 320g，分割为每个 40g。

擀圆

4. 沾适量手粉将面团压扁，取擀面棍擀开，再擀成外围薄中间厚、直径约 8cm 的圆形面皮。

整形

5. 详见第 27 页擀圆、包馅整形手法，在面皮上依序放上馅料 A、B，整形。（右图）

发酵

6. 纹路朝上放在裁好的烘焙纸上，直接放入蒸笼以室温（或使用烤箱 / 发酵箱）发酵，取 20 ~ 30g 面团搓圆放入水中测试发酵状态，最后发酵 20 ~ 30分钟。

蒸制

7. 蒸锅水预先煮滚，将发酵好的面团入蒸笼以大火蒸 15 分钟即可。

天马行空的创意包子

16 雪山叉烧包

材料
Ingredients

份量 12 个

		百分比	重量 /g
面团	中筋面粉	100	300
	冰水	53	159
	鲜酵母	3	9
	细砂糖	10	30
	油	6	18
	合计	172	516
馅料 调味料	味淋	–	50
	红曲粉		1
	酱油		10
	金兰酱油膏		10
	香油		8
	红曲酱		5
	水		100
	马铃薯淀粉		20

		重量 /g
蜜汁叉烧肉	三层肉	1500
	豆腐乳	50
	味淋	220
	金兰酱油膏	60
	蚝油	60
	五香粉	2
	红曲粉	8
	红曲酱	100
	白胡椒粉	4
馅料	蜜汁叉烧肉	250
	姜片	2 片
	青葱	1 支
	洋葱丁	30
装饰面糊	无水黄油	32
	无盐黄油	75
	糖粉	65
	盐	1
	蛋白	70
	低筋面粉	80

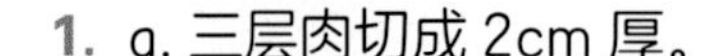

做法
Methods

手揉搅拌 + 手擀

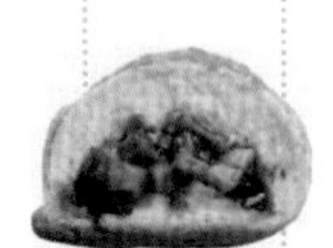

前置

1. a. 三层肉切成 2cm 厚。
   b.【蜜汁叉烧肉】所有调味料在盆中混合均匀，放入三层肉，帮肉做按摩帮助入味，而后全部放入塑料袋冷藏，冷藏期间要翻面 3 次，腌制一天一夜即可烘烤。（图 1 ~图 4）
   c. 将腌好的蜜汁叉烧肉铺上烤盘，送入预热好的烤箱，以上火 220℃ / 下火 150°C 先烤 15 分钟，翻面，淋上烤盘内的酱汁再烤 10 分钟，再翻面淋上酱汁，续烤 5 分钟。（图 5）
   d. 将烤好的蜜汁叉烧肉切丁（蜜汁叉烧肉生的或烤好的都可冷冻保存）；锅子加入姜片爆香成金黄色，取出，加入青葱白丁、洋葱丁爆香，取出，加入切好的蜜汁叉烧肉丁混匀备用；馅料与调味料混合均匀，烧开，煮成浓稠状，再加入混匀的蜜汁叉烧肉丁与爆香的青葱白丁、洋葱丁，撒上青葱绿碎拌匀即可。（图 6 ~图 10）

搅拌

2. 细砂糖、鲜酵母分别与部分冰水充分拌匀；钢盆内放入面团其他材料，倒入混匀的液体材料揉至呈光滑面团。（手工揉制不需松弛，机器搅拌则需要松弛 5 分钟）

压延

3. 以擀面棍擀折 3 折 3 次，擀成均匀光亮面片。

分割 4. 面片卷起成长条状，面团分割为每个 40g；馅取 180g，分割为每个 15g。

擀圆 5. 沾适量手粉将面团压扁，取擀面棍擀开，擀成外围薄中间厚、直径约 7cm 的圆形面皮。

整形 6. 面皮包入馅料，左手托着面皮顺时针转动，右手大拇指、食指往前捏，捏制过程中防止馅料位移溢出，左手大拇指可辅助将馅料压入，右手持续将面皮往前捏，最后收紧搓圆。

发酵 7. 收口朝下放在裁好的烘焙纸上，直接放入蒸笼以室温（或使用烤箱 / 发酵箱）发酵，取 20 ~ 30g 面团搓圆放入水中测试发酵状态，最后发酵 20 分钟。

烤制 8.【装饰面糊】无水黄油、无盐黄油、糖粉、盐充分搅拌均匀，加入蛋白拌匀，再加入过筛的低筋面粉拌匀，放入挤花袋中；在面团表面挤上面糊，放入预热好的烤箱，以上火 190°C / 下火 160°C 烘烤 15 ~ 20 分钟。（图 11 ~图 20）

17 芋见幸福

材料
Ingredients

份量 7 个

		百分比	重量 /g
面团	中筋面粉	100	300
	鲜奶	50	150
	即溶酵母粉	1	3
	细砂糖	10	30
	油	1.5	4.5
	盐	0.5	1.5
	合计	163	489
调色	紫薯粉	5	15
装饰	金箔	适量	

		重量 /g
馅料	蒸熟的芋头	1000
	盐	6
	细砂糖	40
	白胡椒粉	2
	味精	5
	鸡粉	10
	五香粉	2
	猪绞肉	200
	泡开的香菇丁	150
	虾米	40
	油葱酥	100

做法 Methods　手揉搅拌 + 手擀

备馅

1. a. 干香菇洗净泡水，挤干水分切丁，取 150g。
   b. 虾米用活水略微冲洗，泡水 5 分钟；猪绞肉预先炒熟。
   c. 香菇丁、虾米爆香炒匀，加入猪绞肉、油葱酥、其他调味料拌炒均匀备用。（图 1 ~ 图 5）
   d. 将炒好的料与蒸熟的芋头拌匀。（图 6）

搅拌

2. 细砂糖与鲜奶充分拌匀；钢盆内放入面团其他材料，倒入混匀的液体材料揉至呈光滑面团。（手工揉制不需松弛，机器搅拌才需要松弛 5 分钟）

压延

3. 以擀面棍擀折 3 折 3 次，擀成均匀光亮面片，擀至厚约 0.3cm、长约 30cm。

分割擀圆

4. 取模具压模，再用擀面棍擀开，擀成直径约 12cm 的圆形面皮；取 10g 多余面团擀成直径 6cm 的圆片，包馅备用。（图 7）

整形

5. 大圆形面皮取三个边朝内折，折成三角形，翻面放上用小圆形面皮包好的馅料，以指腹塑形，三边用花夹夹出花纹。（图 8 ~ 图 16）

发酵

6. 放在裁好的烘焙纸上，直接放入蒸笼以室温（或使用烤箱 / 发酵箱）发酵，取 20 ~ 30g 面团搓圆放入水中测试发酵状态，最后发酵 20 ~ 30 分钟。

蒸制

7. 蒸锅水预先煮滚，将发酵好的面团入蒸笼以大火蒸 10 分钟。顶端可依个人喜好点缀金箔。

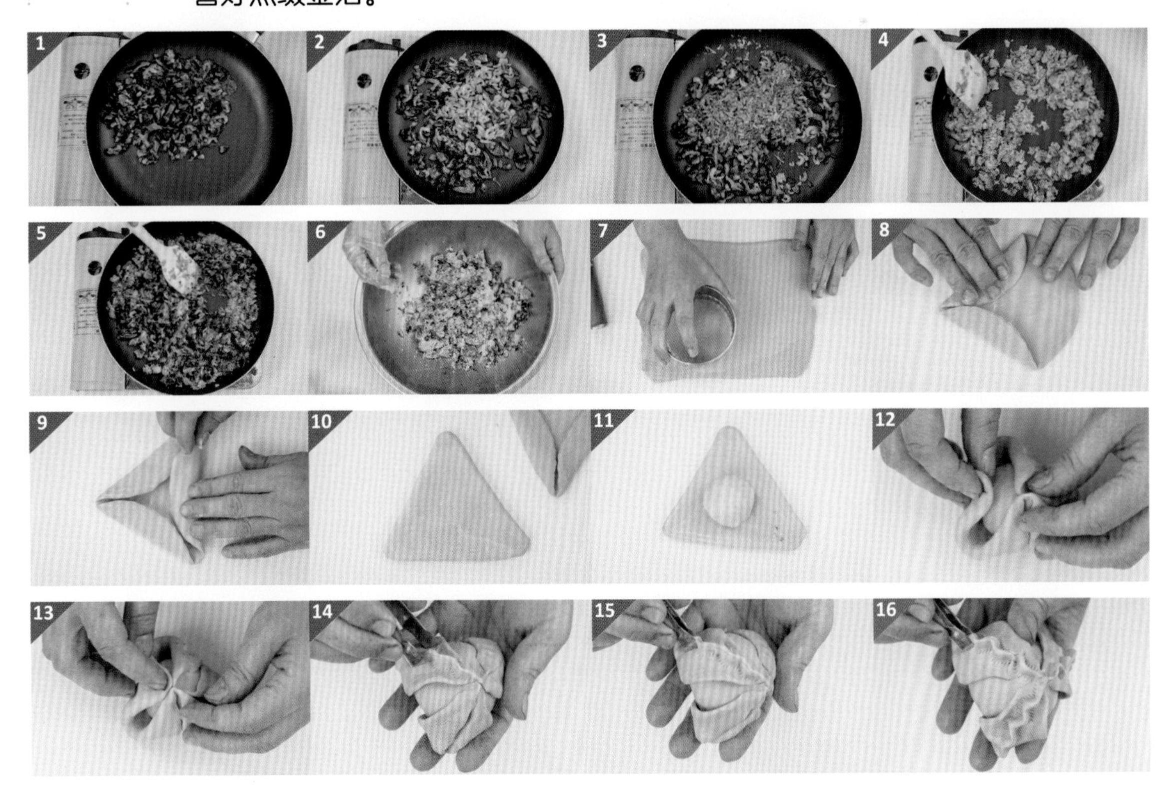

18 千层螺旋包子

材料 Ingredients　份量 6 个

		百分比	重量 /g
面团	中筋面粉	100	300
	即溶酵母粉	1	3
	鲜奶	50	150
	细砂糖	10	30
	油	1.5	4.5
	盐	0.5	1.5
	合计	163	489
调色	红曲粉	1.5	5

		重量 /g
馅料	豆沙馅	150

做法 Methods　手揉搅拌 + 手擀

搅拌

1. 细砂糖与鲜奶充分拌匀；钢盆内放入面团其他材料，倒入混匀的液体材料揉至呈光滑面团。

压延

2. 面团二等分；一份染色，一份维持原始白色，分别擀折 3 折 3 次，擀成均匀光亮面片。

分割整形

3. a. 双色面片重叠擀开，从中间一切为二。（图 1 ~图 2）
   b. 重叠两条面片，用擀面棍擀开。（图 3 ~图 4）
   c. 翻面，切半，每半条分别用擀面棍擀开。（图 5 ~图 6）
   d. 卷起，将不规则前端切掉，三等分为每个 70g。（图 7 ~图 8）
   e. 切面朝上放置，按扁、擀开；馅分割为每个 20g，包入面皮。

发酵

4. 收口朝下放在裁好的烘焙纸上，直接放入蒸笼以室温（或使用烤箱 / 发酵箱）发酵，取 20 ~ 30g 面团搓圆放入水中测试发酵状态，最后发酵 20 分钟。

蒸制

5. 蒸锅水预先煮滚，将发酵好的面团入蒸笼以大火蒸 15 分钟即可。

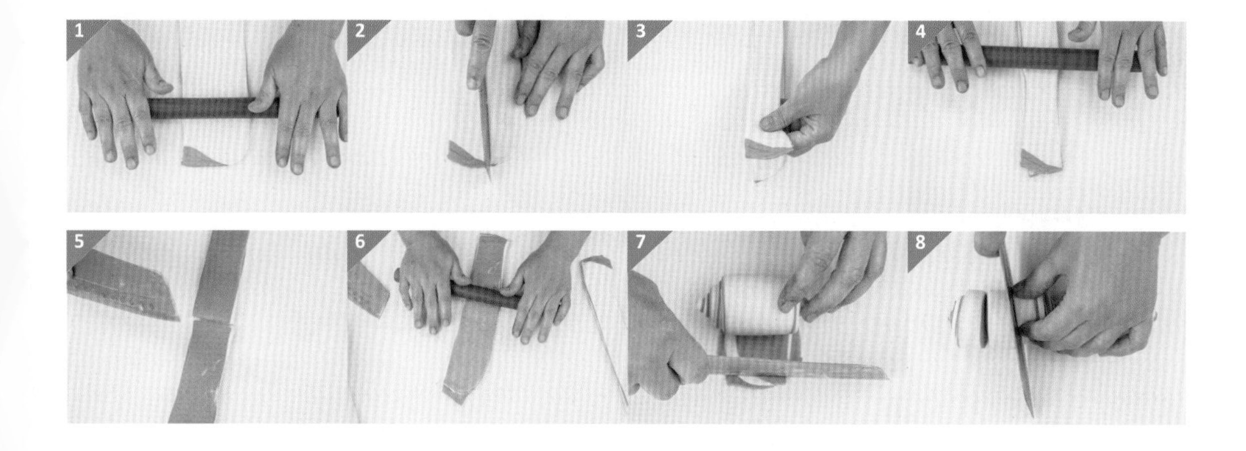

材料 Ingredients　份量 13 个

		百分比	重量 /g
面团	中筋面粉	100	150
	隔夜冰种老面	200	300
	玉米淀粉	18	27
	细砂糖	13	19.5
	盐	0.5	0.75
	即溶酵母粉	2.5	4
	冰水	22	33
	油	5	7.5
	合计	361	541.75

		重量 /g
馅料	麦穗包馅料	520

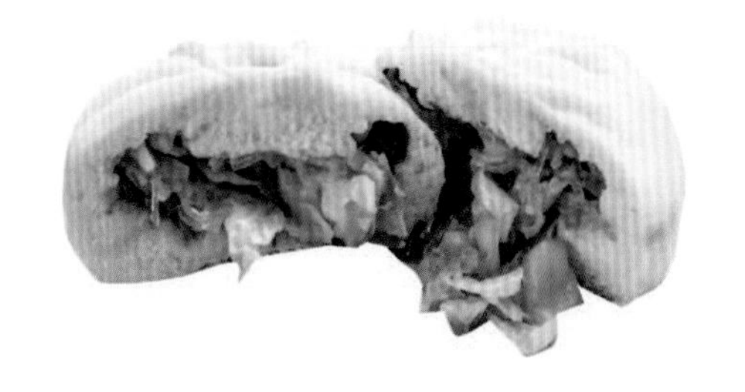

做法 Methods

手揉搅拌 + 手擀

前置	1. 详见第 16 页备妥隔夜冰种老面；详见第 34 ~ 35 页备妥麦穗包馅料。
搅拌	2. 隔夜冰种老面、冰水加入细砂糖、盐搅拌均匀，加入即溶酵母粉充分搅拌均匀，分次加入粉类、油搅拌至呈现光滑面团。
压延	3. 以擀面棍擀折 3 折 3 次，擀成均匀光亮面片。
分割	4. 面片卷起成长条状，面团分割为每个 40g；馅分割为每个 40g。
整形	5. 详见第 27 页擀圆、包馅整形手法。（图 1 ~图 2）
发酵	6. 收口朝上放在盘子中等待发酵，最后发酵 10 ~ 20 分钟。
蒸制	7. 双面煎或单面煎都可以，平底锅倒入适量色拉油，排入水煎包，倒入玉米淀粉水（配方外玉米淀粉 20g、水 400g、色拉油 15g），水的高度约到包子的 1/3，加热煮滚，水滚后转中小火，盖上盖子计时 7 分钟，煎至水分收干，开盖，在面皮表面淋上色拉油，续煎至底部金黄。（图 3 ~图 12） ★ 起锅前在面皮表面淋上色拉油，面皮会油亮可口，底部面皮也会更加酥脆哦！

20
隔夜冰种鲜肉小笼包

材料 Ingredients

份量 25 个

		百分比	重量 /g
面团	中筋面粉	100	150
	隔夜冰种老面	200	300
	玉米淀粉	18	27
	细砂糖	13	19.5
	盐	0.5	0.75
	即溶酵母粉	2.5	4
	冰水	22	33
	油	5	7.5
	合计	361	541.75

		重量 /g
馅料	基底肉馅（第 41 页）	335
	青葱花	40

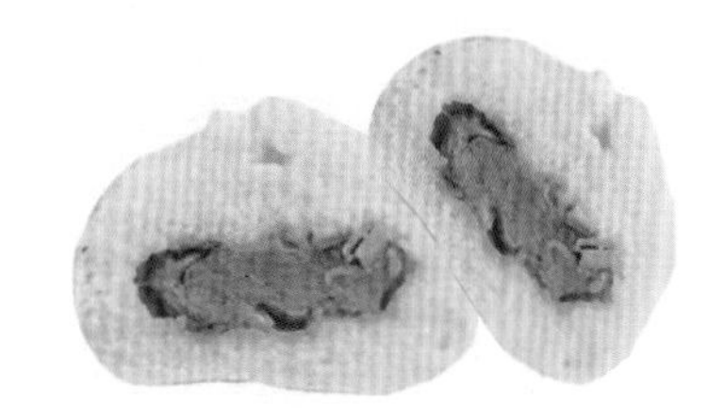

做法 Methods

手揉搅拌 + 手擀

前置 1. 详见第 16 页备妥隔夜冰种老面；基底肉馅参照第 41 页“香葱鲜肉包”步骤 1.a~d。

搅拌 2. 隔夜冰种老面、冰水加入细砂糖搅拌均匀，再加入即溶酵母粉充分拌匀，分次加入粉类、盐与油搅拌至呈光滑面团。

压延 3. 以擀面棍擀折 3 折 3 次，擀成均匀光亮面片。

分割 4. 面片卷起成长条状，面团分割为每个 20g；基底肉馅（见第 41 页步骤 1.a~d）与青葱花拌匀，分割为每个 15g，提前拌入青葱可避免青葱出水。

擀圆 5. 沾适量手粉将面团压扁，取擀面棍擀开，擀成外围薄中间厚、直径约 5cm 的圆形面皮。

整形 6. 面皮包入馅料，左手托着面皮，右手大拇指、食指往前捏，捏制过程中防止馅料位移溢出，左手大拇指可辅助将馅料压入，右手持续将面皮往前捏，最后收紧搓圆。（图 1 ~图 4）

发酵 7. 纹路朝上，分别放在裁好的烘焙纸上，取 20 ~ 30g 面团搓圆放入水中测试发酵状态，最后发酵 20 ~ 30 分钟。

蒸制 8. 蒸锅水预先煮滚，将发酵好的面团入蒸笼以大火蒸 8 分钟即可。

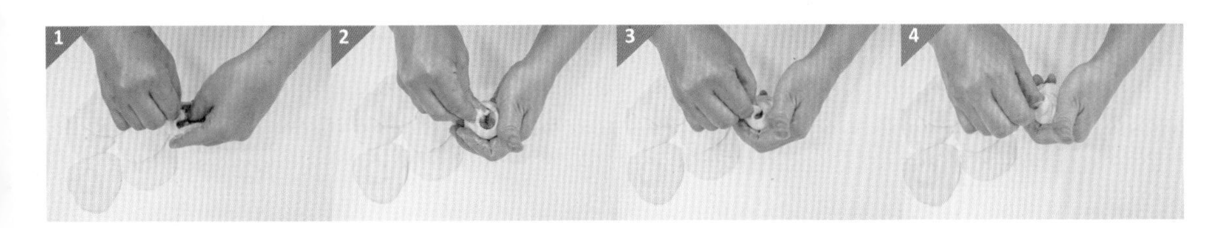

21 珍珠奶茶包

材料 Ingredients　　份量 8 个

		百分比	重量 /g
面团	中筋面粉	100	300
	即溶酵母粉	1	3
	鲜奶	50	150
	细砂糖	10	30
	油	1.5	4.5
	伯爵红茶叶碎	1.5	4
	盐	0.5	1.5
	合计	164.5	493

		重量 /g
馅料	煮熟的珍珠	120
	黑糖	120

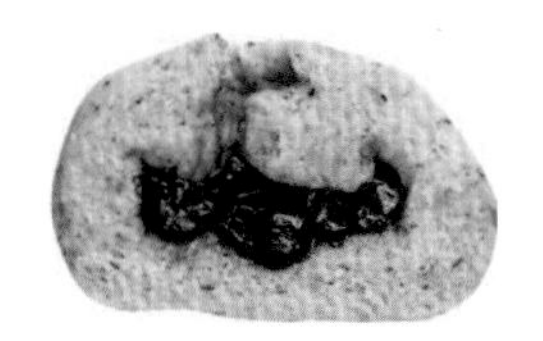

做法 Methods

手揉搅拌 + 手擀

步骤	做法
备料	1. 伯爵鲜奶茶做法：将鲜奶 150g 煮沸，冲入伯爵红茶叶碎 4g，冷却备用。
搅拌	2. 细砂糖与伯爵鲜奶茶充分拌匀；钢盆内放入面团其他材料，倒入混匀的液体材料揉至呈光滑面团。（手工揉制不需松弛，机器搅拌才需要松弛 5 分钟）
压延	3. 以擀面棍擀折 3 折 3 次，擀成均匀光亮面片。
分割	4. 面片卷起成长条状，面团分割为每个 60g；煮熟的珍珠与黑糖分割为每份 15g。
擀圆	5. 沾适量手粉将面团压扁，取擀面棍擀开，擀成外围薄中间厚、直径约 8cm 的圆形面皮。
整形	6. 面皮放上珍珠与黑糖，左手托着面皮，右手大拇指、食指往前捏，捏制过程中防止馅料位移溢出，左手大拇指可辅助将馅料压入，右手持续将面皮往前捏，最后捏紧即可。（图 1 ~图 8） ★ 配方中“煮熟的珍珠”可以去饮料店或是市场购买。
发酵	7. 纹路朝上，分别放在裁好的烘焙纸上，取 20 ~ 30g 面团搓圆放入水中测试发酵状态，最后发酵 20 ~ 30 分钟。
蒸制	8. 蒸锅水预先煮滚，将发酵好的面团入蒸笼以大火蒸 10 分钟即可。

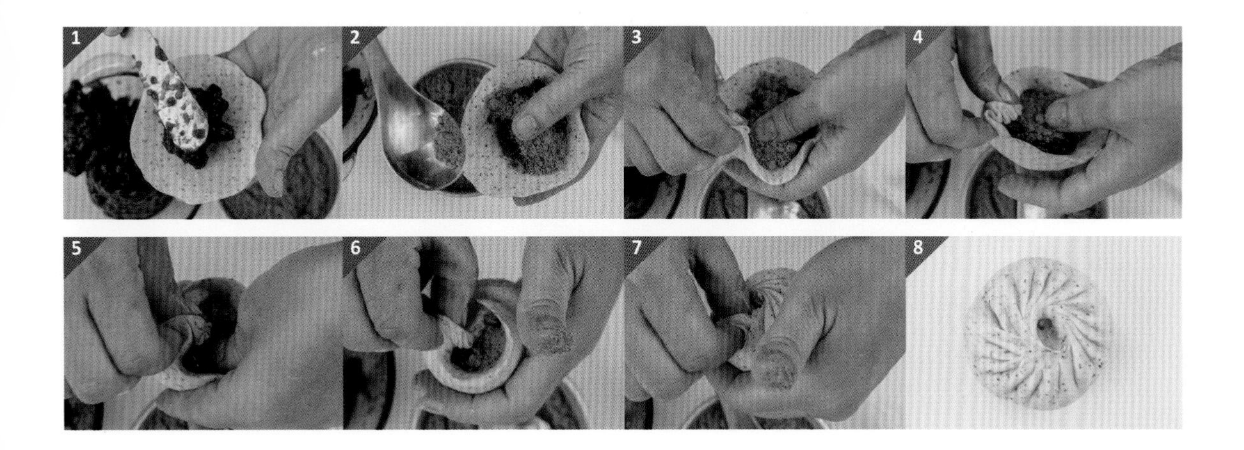

22 焦糖牛奶太妃包

材料 Ingredients　份量 8 个

		百分比	重量 /g
面团	中筋面粉	100	300
	即溶酵母粉	1	3
	鲜奶	46	138
	黑糖	10	30
	油	1.5	5
	焦糖太妃酱	8	24
	合计	166.5	500

		重量 /g
馅料	麻薯	8 个（约 10g）
	森永牛奶太妃糖	16 颗

做法 Methods

手揉搅拌 + 手擀

备料	**1.** a.【焦糖太妃酱】准备细砂糖 100g、动物性淡奶油 50g。 b. 细砂糖放入锅中干炒，中小火将细砂糖炒至焦糖色。 c. 加入动物性淡奶油煮成浓稠状，冷却备用。
搅拌	**2.** 黑糖与鲜奶充分拌匀；钢盆内放入面团其他材料，倒入混匀的液体材料揉至呈光滑面团。（手工揉制不需松弛，机器搅拌则需要松弛 5 分钟）
压延	**3.** 以擀面棍擀折 3 折 3 次，擀成均匀光亮面片。
分割	**4.** 面片卷起成长条状，面团分割为每个 60g。
擀圆	**5.** 沾适量手粉将面团压扁，取擀面棍擀开，擀成外围薄中间厚、直径约 7cm 的圆形面皮。
整形	**6.** a. 面皮包入麻薯 1 颗、牛奶太妃糖 2 颗，左手托着面皮，右手大拇指、食指往前捏，捏制过程中防止馅料位移溢出，左手大拇指可辅助将馅料压入，右手持续将面皮往前捏，最后收紧搓圆。（图 1 ～图 5） b. 面团中心用竹签戳一小洞，做出定位点，花夹从定位点开始先夹出中间一条线，再夹出十字造型，米字造型（图 6 ～图 16）。
发酵	**7.** 面团花纹朝上，分别放在裁好的烘焙纸上，取 20 ～ 30g 面团搓圆放入水中测试发酵状态，最后发酵 20 ～ 30 分钟。
蒸制	**8.** 蒸锅水预先煮滚，将发酵好的面团入蒸笼以大火蒸 10 分钟即可。

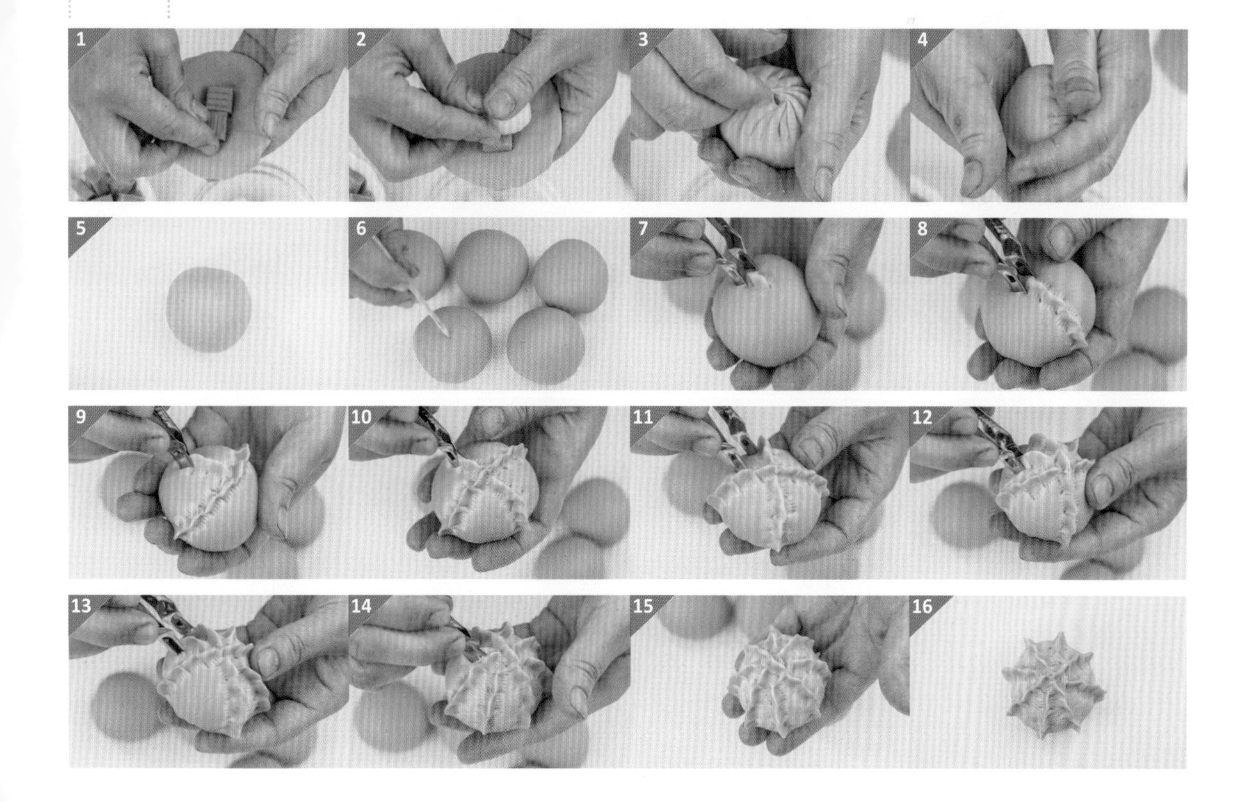

23 低温老面芋香寿桃

材料 Ingredients

份量 8 个

		百分比	重量 /g
面团	中筋面粉	100	300
	即溶酵母粉	1	3
	鲜奶	46	138
	细砂糖	11	33
	油	1.5	4.5
	低温老面	20	60
	盐	0.5	1.5
	合计	180	540

		重量 /g
芋头馅（取用 280g）	芋头	1500
	细砂糖	280
	黄油	60
	盐	2

手揉搅拌 + 手擀

前置

1. a. 详见第 16 页备妥低温老面。
   b.【芋头馅】将芋头洗净、去皮，切片后蒸熟。
   c. 趁热在煮熟的芋头里加入其他材料拌匀，放凉。
   d. 煮好的芋头馅要尽快用完，不可以冷冻保存。

搅拌

2. 细砂糖与鲜奶充分拌匀；钢盆内放入面团其他材料，倒入混匀的液体材料揉至呈光滑面团，松弛 5 分钟。（手工揉制不需松弛，机器搅拌才需要松弛 5 分钟）

压延

3. 以擀面棍擀折 3 折 3 次，擀成均匀光亮面片。

分割

4. 面片卷起成长条状，面团分割为每个 65g；馅分割为每个 35g。

擀圆

5. 沾适量手粉将面团压扁，取擀面棍擀开，擀成外围薄中间厚、直径约 8cm 的圆形面皮。

整形

6. 面皮包入馅料，左手托着面皮，右手大拇指、食指往前捏，捏制过程中防止馅料位移溢出，左手大拇指可辅助将馅料压入，逆时针捏到最后，收紧收口、搓成椭圆形，搓尖顶端即可。（图 1 ～图 6）

发酵

7. 收口朝下放在裁好的烘焙纸上，直接放入蒸笼以室温（或使用烤箱 / 发酵箱）发酵，取 20 ～ 30g 面团搓圆放入水中测试发酵状态，最后发酵 20 ～ 30 分钟。

蒸制

8. 蒸锅水预先煮滚，将发酵好的面团入蒸笼以大火蒸 10 分钟即可。

装饰

9. 蒸好要快速使用汤匙或软刮板压出线条，先将桃红色色素与米酒调均匀，喷在寿桃表面，再将绿色色素与米酒调均匀，用叶子印章盖在包子上。（图 7 ～图 12）

★ 寿桃一定要趁热用刮板压纹路，冷了就压不出来了。
★ 在寿桃上喷颜色需取适当距离，使用专业喷枪喷出的颜色较均匀细致，如果偶尔做一次可以用一般喷雾瓶代替，喷雾瓶必须是细致喷头，上色才会细致。

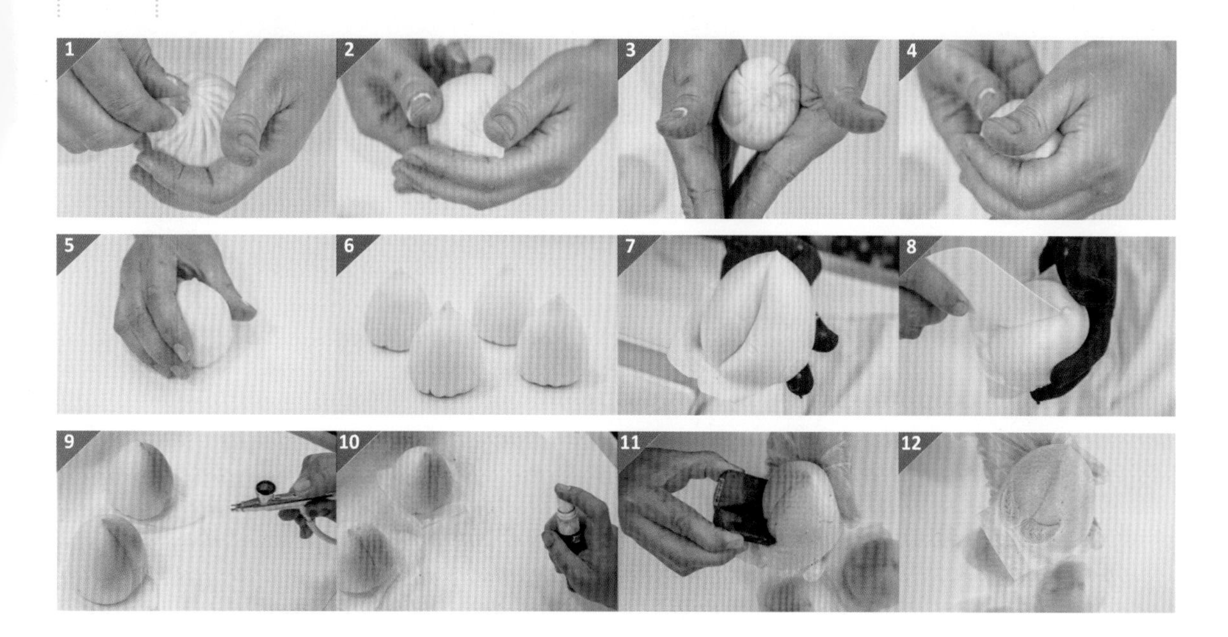

24 枣生桂子双喜包

材料
Ingredients　份量 4 个

		百分比	重量 /g
面团	中筋面粉	100	300
	即溶酵母粉	1	3
	鲜奶	46	138
	细砂糖	11	33
	油	1.5	4.5
	低温老面	20	60
	盐	0.5	1.5
	合计	180	540

		重量 /g
馅料	豆沙馅	180
	红枣	20
	桂圆	20
	松子	20
调色	红曲粉	2

做法 Methods 手揉搅拌 + 手擀

前置 1. 详见第 16 页备妥低温老面；红枣、桂圆切碎备用。

搅拌 2. 细砂糖与鲜奶充分拌匀；钢盆内放入面团其他材料与红曲粉，倒入混匀的液体材料揉至呈光滑面团。（手工揉制不需松弛，机器搅拌则需要松弛 5 分钟）

压延 3. 以擀面棍擀折 3 折 3 次，擀成均匀光亮面片。

分割 4. 面片卷起成长条状，面团分割为每个 135g；馅分割为每个 60g。

擀圆 5. 沾适量手粉将面团压扁，取擀面棍擀开，擀成外围薄中间厚、直径约 8cm 的圆形面皮。

整形 6. a. 面皮包入馅料，左手托着面皮，右手大拇指、食指往前捏，捏制过程中防止馅料位移溢出，左手大拇指可辅助将馅料压入，右手持续将面皮往前捏，最后收紧搓圆。（图 1 ~ 图 3）

b. 将整形包好的包子表面盖上布巾或外围倒扣钢盆，中间发酵 10 分钟。

c. 收口朝上、光滑面朝下入模具压出双“囍”字样，因为模型很大，需要用点力压紧，字体才会明显，而后将面团扣出再进行最后发酵。（图 4 ~ 图 7）

发酵 7. 放在裁好的烘焙纸上，直接放入蒸笼以室温（或使用烤箱 / 发酵箱）发酵，取 20 ~ 30g 面团搓圆放入水中测试发酵状态，最后发酵大约 20 分钟。

蒸制 8. 蒸锅水预先煮滚，将发酵好的面团入蒸笼以大火蒸 18 分钟即可。（图 8）

★ 整形后中间发酵一下再压模，此时压模的纹路才会比较清晰，如果没有中间发酵就直接入模再进行最后发酵，纹路在熟制时就会消失不见。

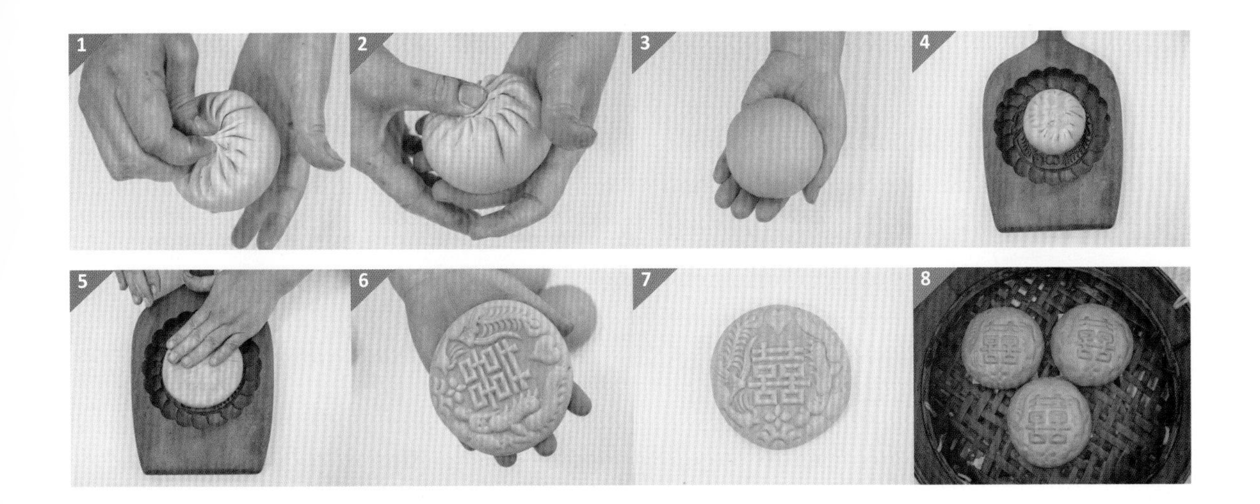

25

心花朵朵开

材料 Ingredients　份量8个

		百分比	重量/g
面团	中筋面粉	100	300
	即溶酵母粉	1	3
	鲜奶	46	138
	细砂糖	11	33
	油	1.5	4.5
	低温老面	20	60
	盐	0.5	1.5
	合计	180	540

		重量/g
调色	红曲粉	2
馅料	豆沙馅	225

做法 Methods

手揉搅拌 + 手擀

前置 1. 详见第 16 页备妥低温老面。

搅拌 2. 细砂糖与鲜奶充分拌匀；钢盆内放入面团其他材料，倒入混匀的液体材料揉至呈光滑面团。（手工揉制不需松弛，机器搅拌则需要松弛 5 分钟）

压延 3. 面团分成两份，一份 160g 染红色，一份维持原始白色，分别擀折 3 折 3 次，擀成均匀光亮面片。

分割 4. 面片卷起成长条状，白面团分割为每个 40g，红面团分割为每个 20g，滚圆，亮面朝上放置。剩下的白色面团擀开压花。（图 1）

擀圆 5. 将面团压扁，将红白面片重叠，取擀面棍擀开，擀成外围薄中间厚、直径约 7cm 的圆形面皮。（图 2）

整形 6. a. 面皮包入馅料，左手托着面皮，右手大拇指、食指往前捏，捏制过程中防止馅料位移溢出，左手大拇指可辅助将馅料压入，右手持续将面皮往前捏，最后收紧搓圆。（图 3 ~ 图 4）

b. 包好的面团中心点上清水，放上花朵。（图 5 ~ 图 6）

c. 先用美工刀割出十字，再割出米字，用工具戳入花朵中心，在中心沾上适量清水，取红色面团装饰。（图 7 ~ 图 12）

发酵 7. 分别放在裁好的烘焙纸上，直接放入蒸笼以室温（或使用烤箱 / 发酵箱）发酵，取 20 ~ 30g 面团搓圆放入水中测试发酵状态，最后发酵大约 20 分钟。

蒸制 8. 蒸锅水预先煮滚，将发酵好的面团入蒸笼以大火蒸 10 分钟即可。

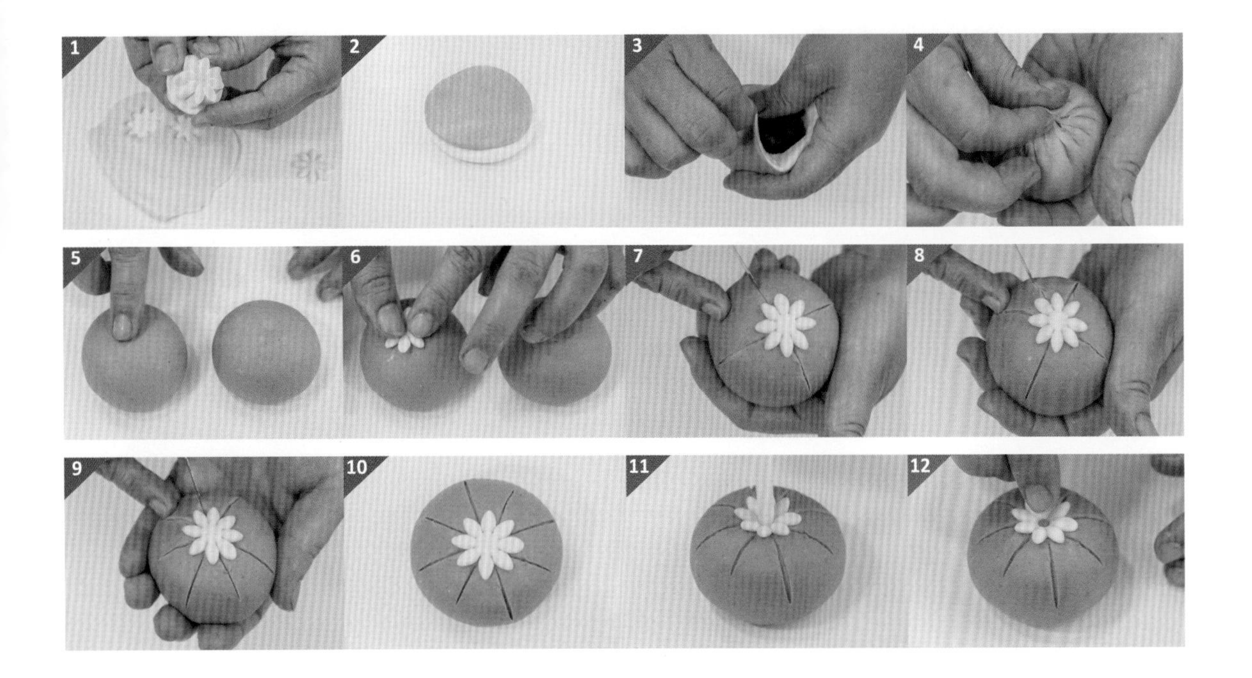

26

香菇包

影片示范

材料
Ingredients　份量 7 个

面团平均分割　7 个

		重量 /g
可可酱	深黑可可粉	5
	玉米淀粉	8
	水	40
馅料	红豆馅（或芋头馅）	210

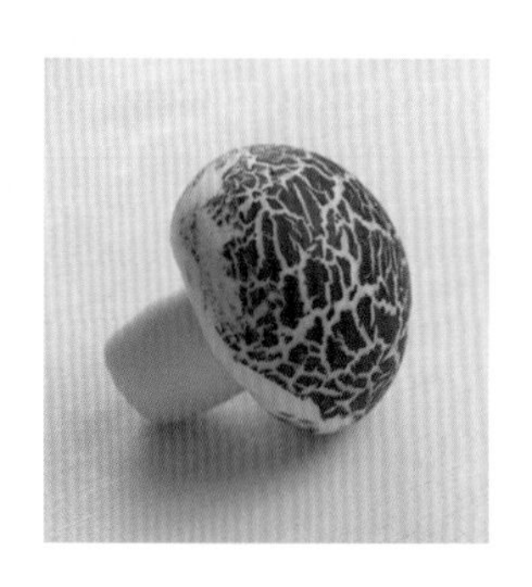

做法 Methods 手揉搅拌 + 手擀

前置 1. 可可酱材料混匀，倒入锅子煮至浓稠、不滴落状态，冷却备用。（图1 ~图3）

搅拌 2. 详见第 20 页“低温老面面团”配方，第 8 ~ 10 页搅拌手法。

压延 3. 以擀面棍擀折 3 折 3 次，擀成均匀光亮面片。

分割 4. 面片卷起成长条状，分割为每个 60g，滚圆，亮面朝上放置（此为菇伞）；剩余面团搓长条，用切面刀平均分割为 7 个；馅分割为每个 30g。

擀圆 5. 沾适量手粉将面团压扁，取擀面棍擀开，擀成外围薄中间厚、直径约 6cm 的圆形面皮。

整形 6. 菇伞面皮包入馅料，左手托着面皮，右手大拇指、食指往前捏，捏制过程中防止馅料位移溢出，左手大拇指可辅助将馅料压入，右手持续将面皮往前捏，最后收紧搓圆。

发酵 7. 菇伞面团涂上可可酱，再用吹风机吹干表面，面团收口朝下，分别放在裁好的烘焙纸上，取 20 ~ 30g 面团搓圆放入水中测试发酵状态，最后发酵 20 ~ 30 分钟。（图 4 ~图 7）

★ 除了用吹风机吹干，还可以将菇伞面团放入预热好的烤箱，以上火 80℃入炉，底部垫一个烤盘以免温度过高，利用上火的温度风干可可酱表面，烘至可可酱干掉，烘 10 ~ 15 分钟，表面微裂后再取出于室温进行最后发酵。

蒸制 8. 蒸锅水预先煮滚，将发酵好的面团入蒸笼以大火蒸 10 分钟即可。蒸熟后调匀面糊，菇伞用擀面棍压出凹槽，抹上面糊与蒂头结合，菇伞朝下再蒸 2 ~ 3 分钟。（图 8 ~图 12）

27 花漾剪剪包子之三剪包

材料 Ingredients　份量 6 个

		百分比	重量 /g
面团	中筋面粉	100	300
	即溶酵母粉	1	3
	鲜奶	50	150
	细砂糖	10	30
	油	1.5	4.5
	盐	0.5	1.5
	合计	163	489

		重量 /g
调色选择	红曲粉	3
	绿茶粉	3
	姜黄粉	3
	紫薯粉	5
	辣椒粉	3
	蝶豆花粉	3
馅料	豆沙馅	150

有点儿难的剪剪包▶

◀比较简单的剪剪包

做法 Methods

手揉搅拌 + 手擀

备料

1. a. 若使用蝶豆花粉或紫薯粉，须先与液体材料混匀；其他色粉可在原色面团揉好后再加入揉匀。
   b. 若面团只有单一颜色，可将调色粉直接加入液体材料中混匀使用。

搅拌

2. 细砂糖与鲜奶充分拌匀；钢盆内放入面团其他材料，倒入混匀的液体材料揉至呈光滑面团。（手工揉制不需松弛，机器搅拌则需要松弛 5 分钟）

压延

3. 面团二等分，一份染色，一份维持原始白色，分别擀折 3 折 3 次，擀成均匀光亮面片。

分割

4. 面片卷起成长条状，白面团分割为每个 30g，染色面团分割为每个 30g，滚圆，亮面朝上放置。馅分割为每个 25g，剩余面团分割为每个 12g，包入馅料备用。

★ 馅料用剩余面皮包起来，整形时比较不会因为反复操作而漏出。

擀圆

5. 沾适量手粉将双色面团压扁重叠，取擀面棍两面擀开，擀成厚薄一致、直径约 12cm 的圆形面皮。（图 1 ~图 2）

整形

6. 面皮上放上馅料，以指腹捏出三角形，捏紧后（图 3 ~图 7）准备整形，整形手法参考第 76 ~ 79 页“比较简单的剪剪包”与“有点儿难的剪剪包”。

发酵

7. 收口朝下放在裁好的烘焙纸上，直接放入蒸笼以室温（或使用烤箱 / 发酵箱）发酵，取 20 ~ 30g 面团搓圆放入水中测试发酵状态，最后发酵 15 ~ 20 分钟。

蒸制

8. 蒸锅水预先煮滚，将发酵好的面团入蒸笼以大火蒸 10 分钟即可。

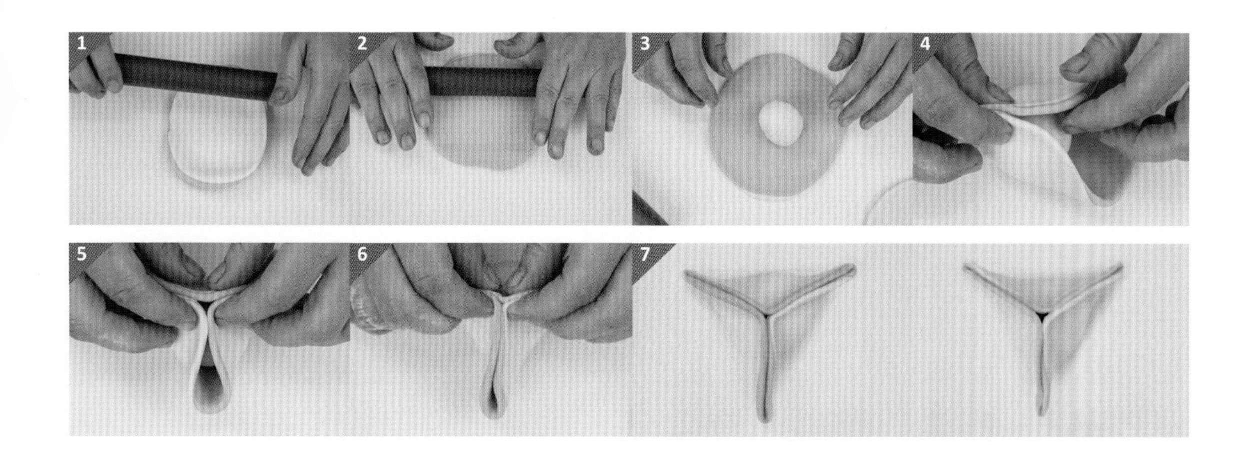

比较简单的剪剪包

1. 在 3 条棱上以剪刀每隔 0.2cm 平行剪一刀。

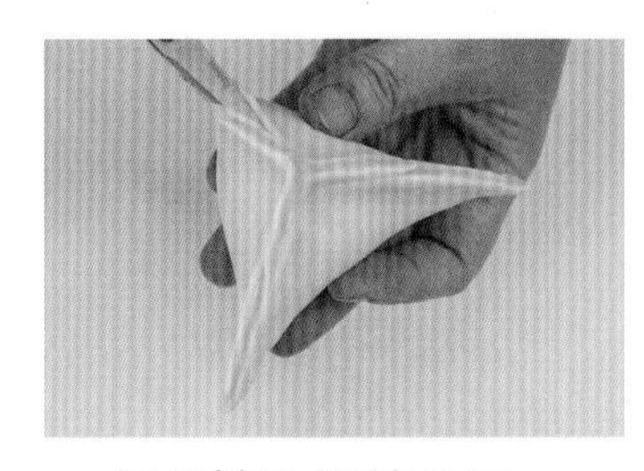

2. 每条棱边都剪 2 刀。

3. 将同一边剪出的 2 小条分开，上层边往同一方向，下层边往同一方向。

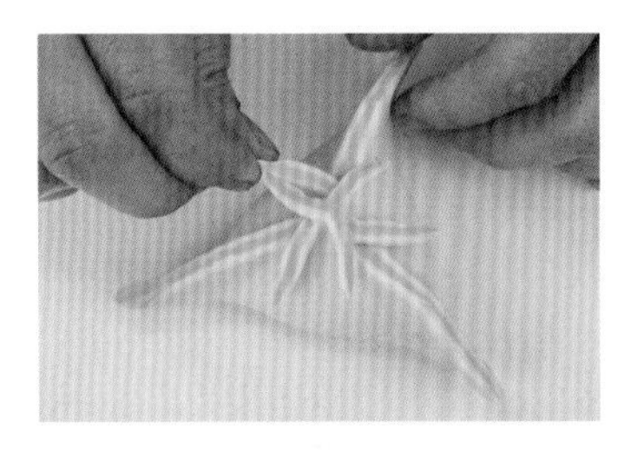

4. 将一边的上层条和邻边的下层条捏合。

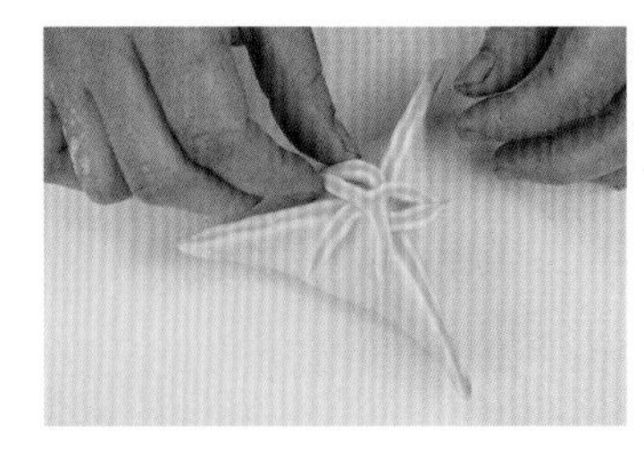

5. 依序捏合。

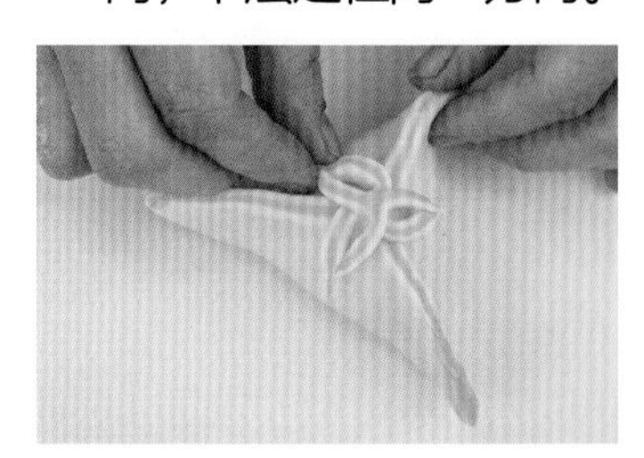

6. 完成三边捏合。

7. 接完第一层再剪第二层，三个边再各剪2刀。

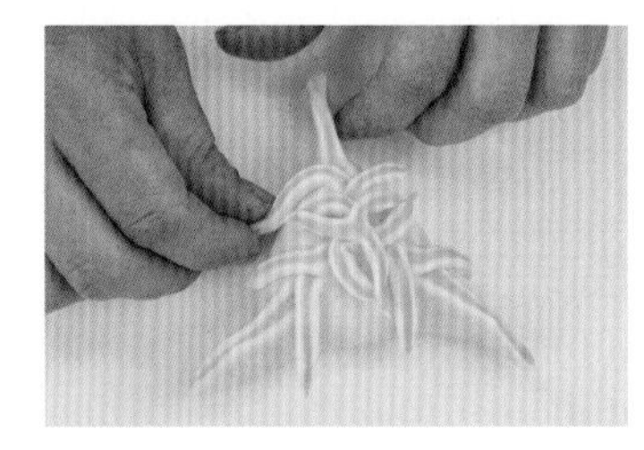

8. 将同一边 2 小条左右交错。

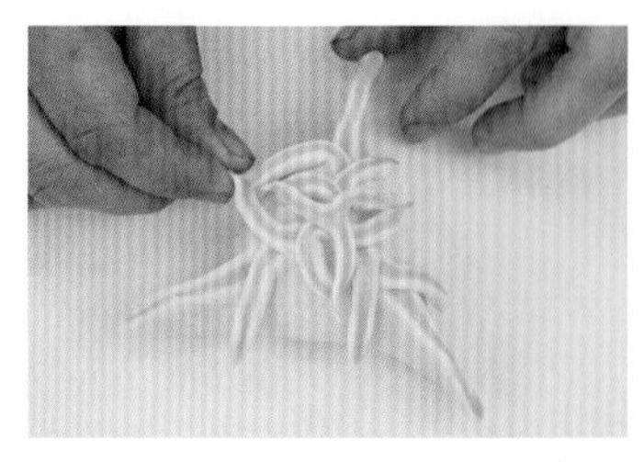

9. 将一边的上层条与邻边的下层条捏合。

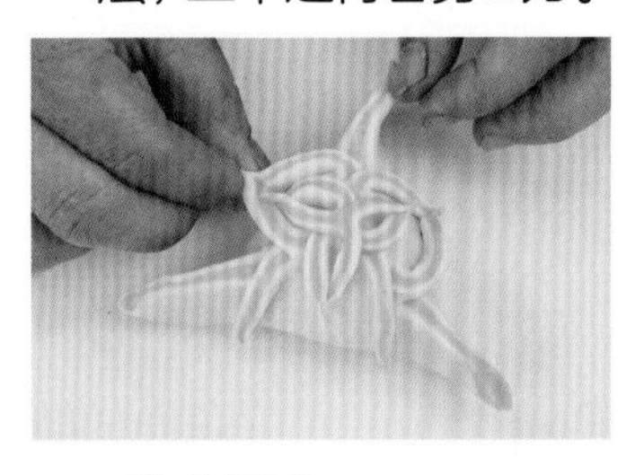

10. 依序捏合。

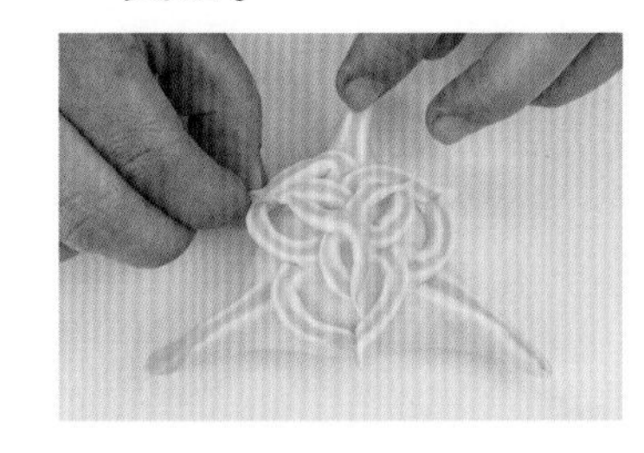

11. 完成三边捏合。

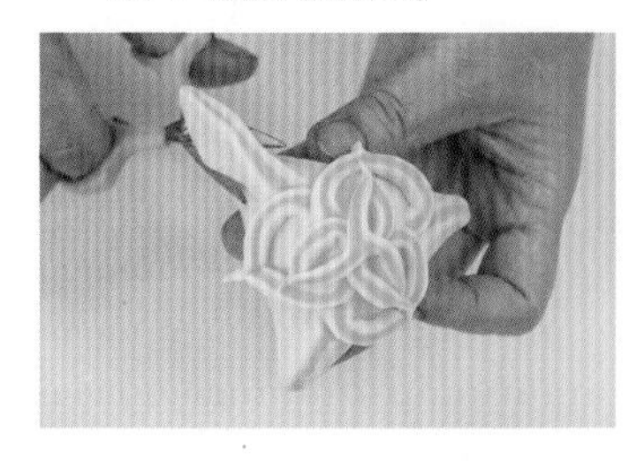

12. 将多余的面片剪掉。

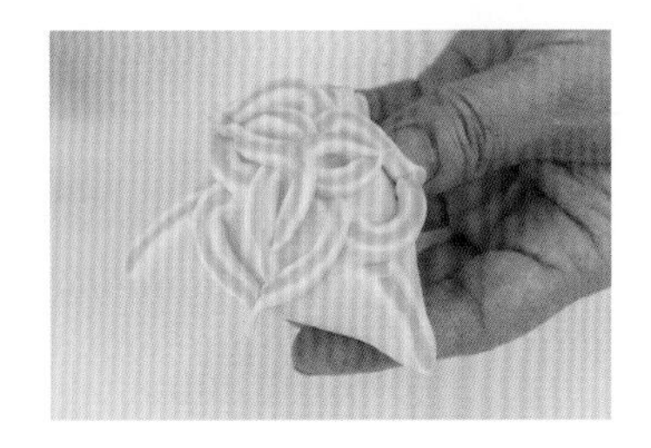

13. 依序剪掉多余的面皮，修整形状。

14. 完成。

15. 面团压出小花。

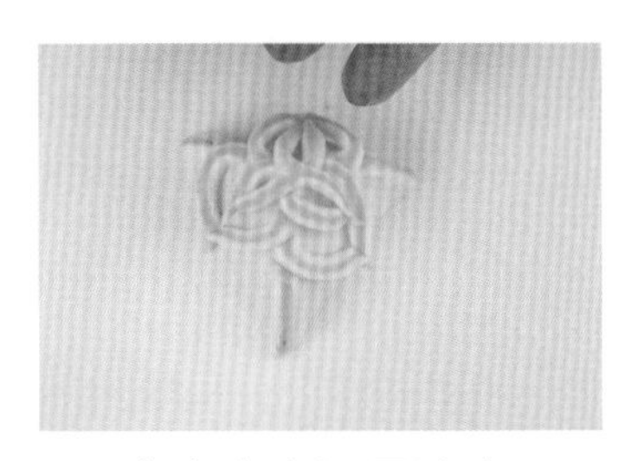

16. 中心点上适量清水。

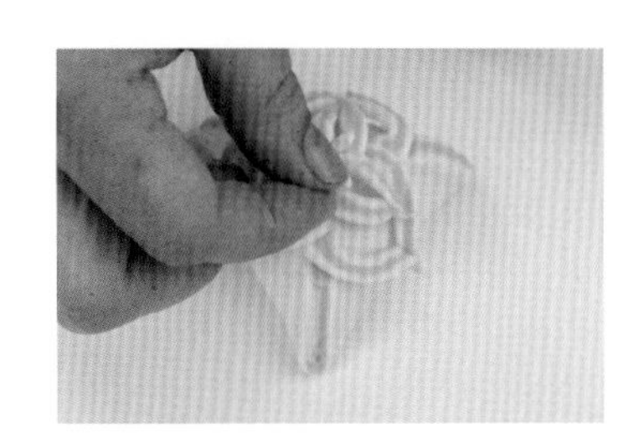

17. 放上小花装饰。

18. 完成。

19. 工具戳入花朵中心。

20. 完成。

21. 中心点适量清水，再放入搓圆面团当蕊心。

22. 完成。

23. 以花夹在三边夹出纹路。

24. 从上往下夹。

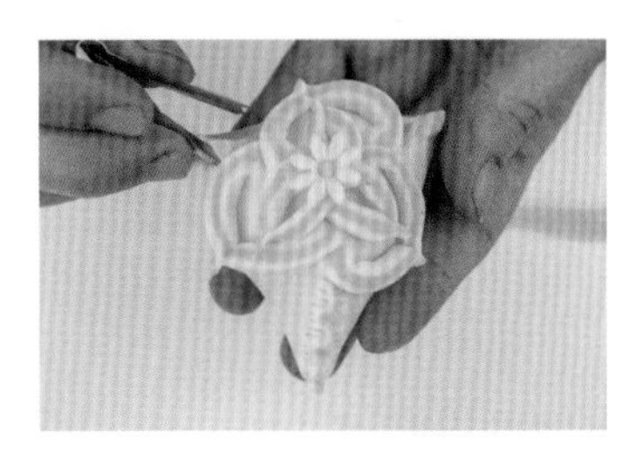

25. 夹好第二个花边。

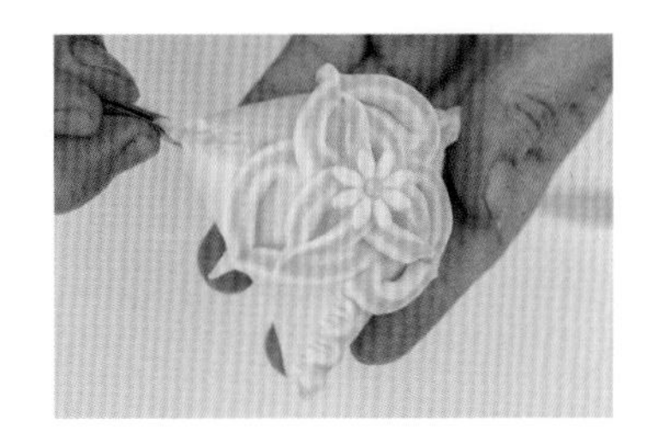

26. 夹好第三个花边。

27. 完成。

1. 在 3 条棱上以剪刀每隔 0.2cm 平行剪一刀。

2. 每条棱边都剪 2 刀，将面条左右分开。

3. 将同一边剪出的 2 小条分开，上层边往同一方向，下层边往同一方向。

4. 将一边的上层条与邻边的下层条捏合。

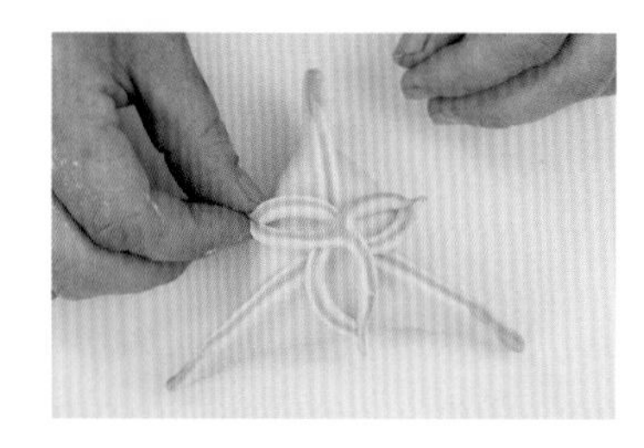

5. 依序捏合。

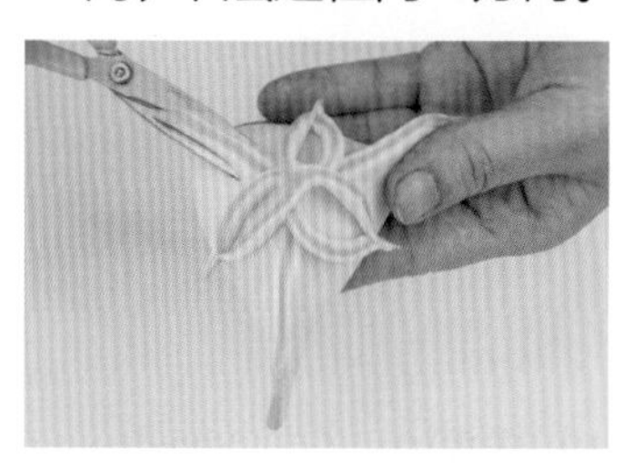

6. 接完第一层再剪第二层。

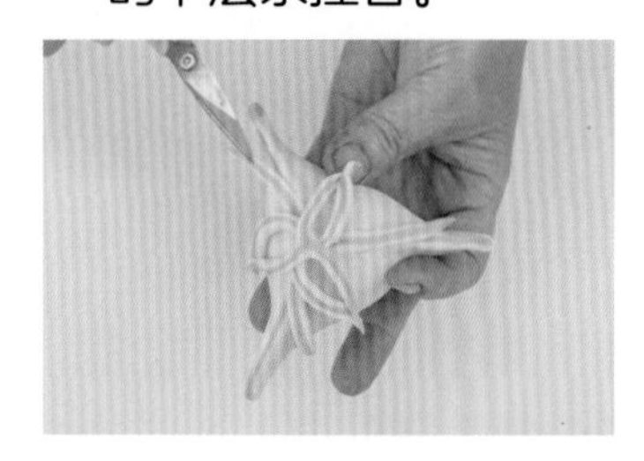

7. 3 条棱边都再剪一刀。

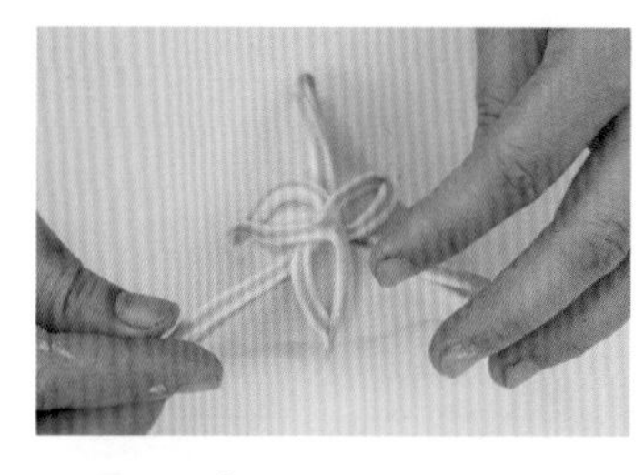

8. 取 1 条。

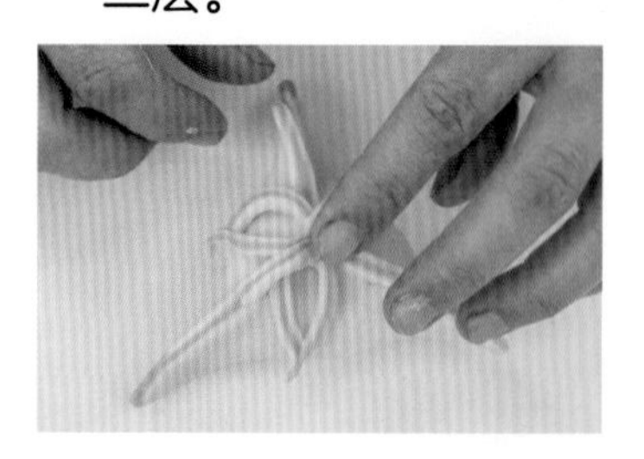

9. 往上压在中心点，压紧。

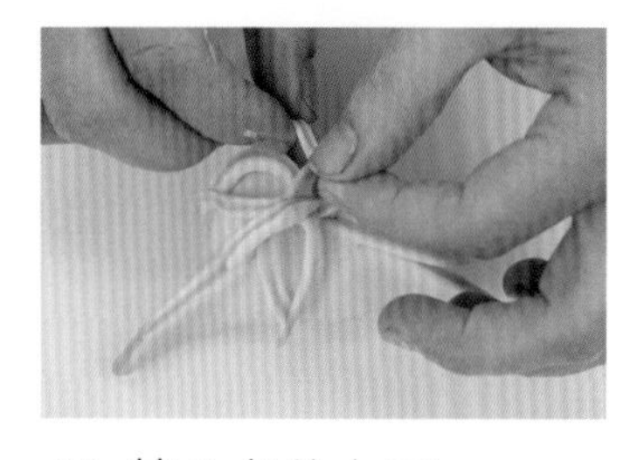

10. 第 2 条往上压。

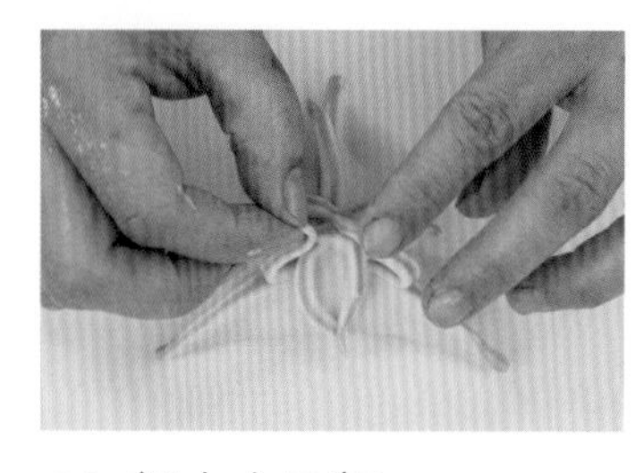

11. 朝中心压好。

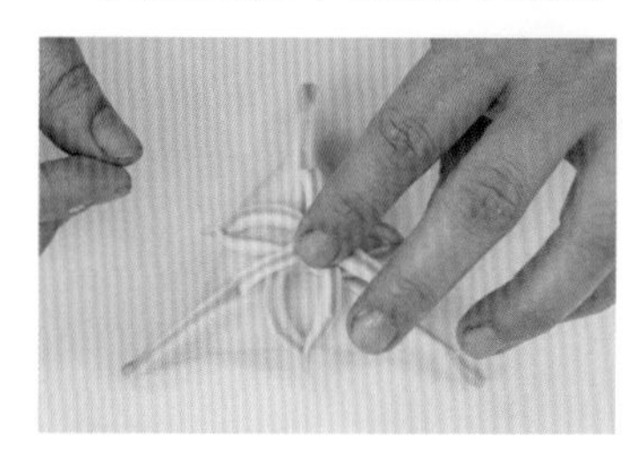

12. 依序压好 3 条。

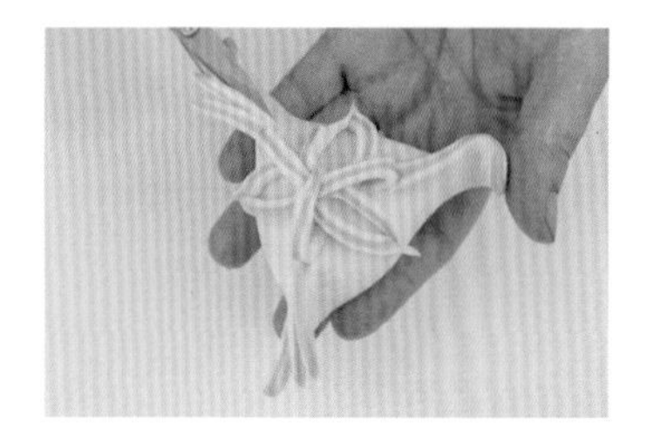

13. 接完第二层再剪第三层。

14. 3 条棱边都再各剪 2 刀，将面条错开。

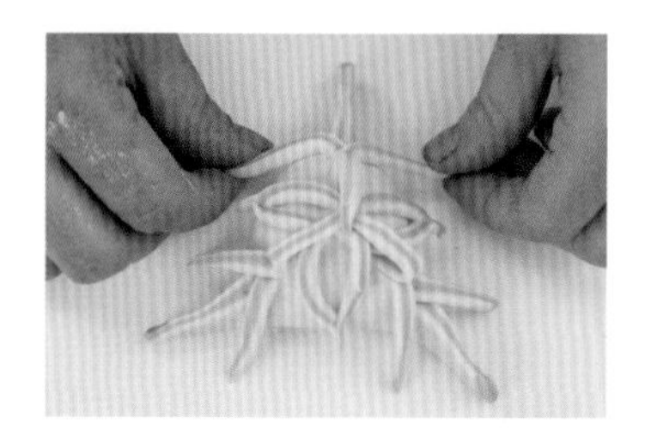

15. 同一边的 2 小条分开。

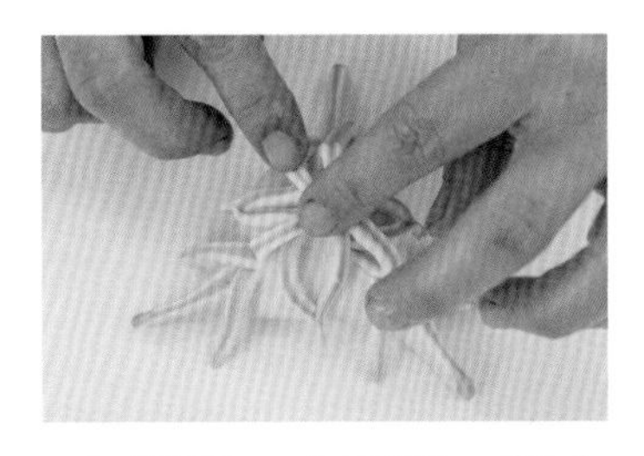

16. 提起一个面圈，朝中心点压紧。

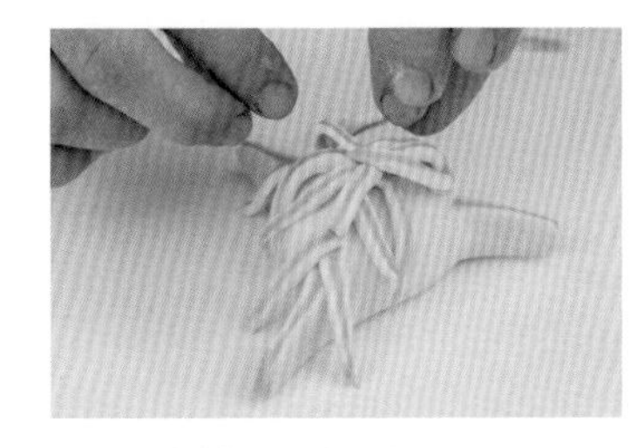

17. 继续左右分开面团，朝中心压。

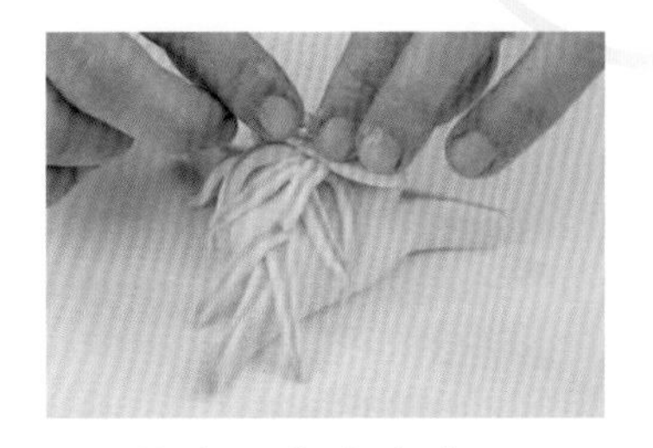

18. 往上压在中心点，压紧。

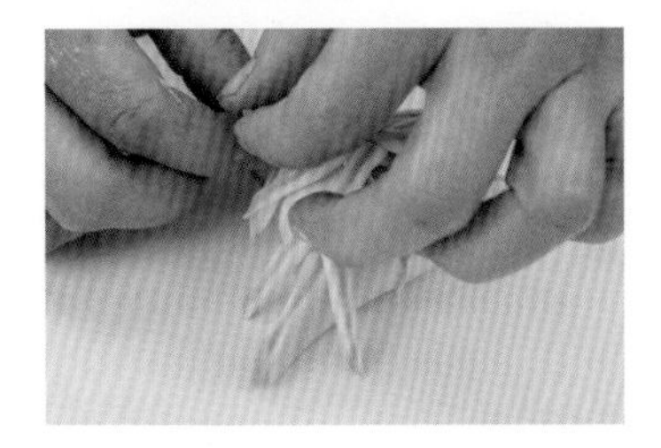

19. 取第 2 条操作。

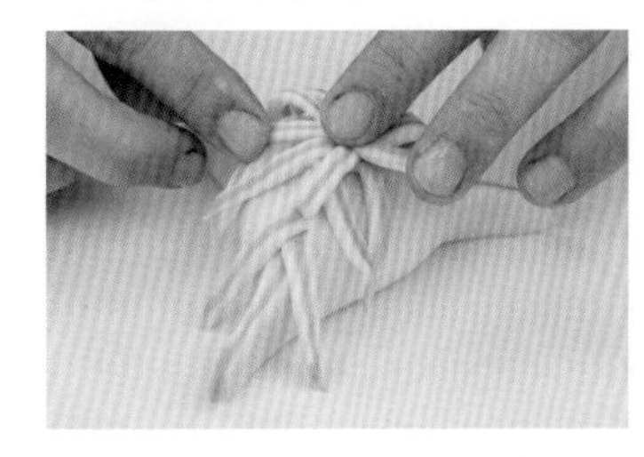

20. 往上压，朝中心点压紧。

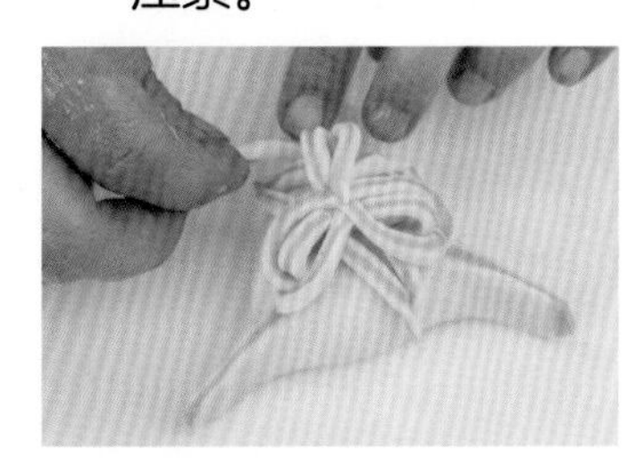

21. 取面条。

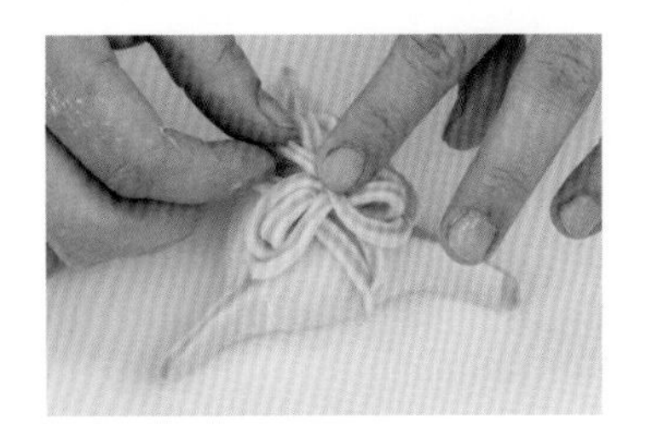

22. 往上压，朝中心点压紧。

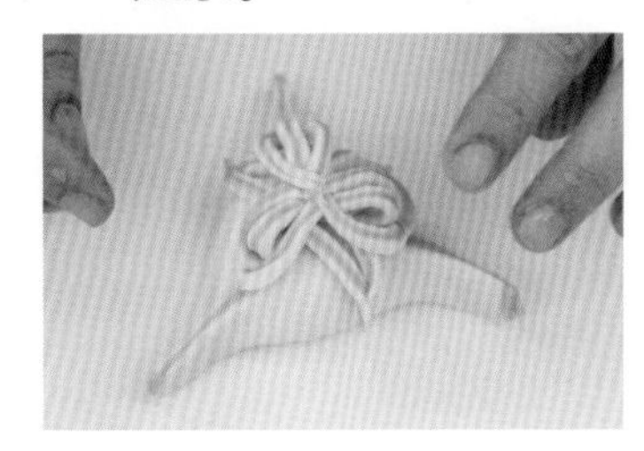

23. 完成。

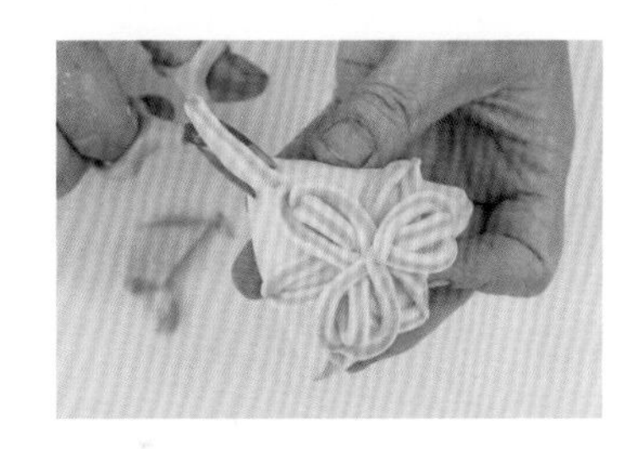

24. 将三边多余的面片剪掉。

25. 以花夹在三边夹出纹路。

26. 模具压出小花。

27. 面团中心点上清水，放上小花。

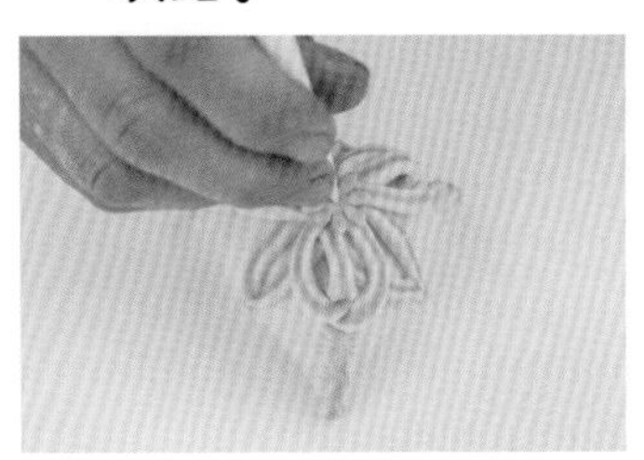

28. 工具朝花朵中心压入。

29. 中心点上适量清水。

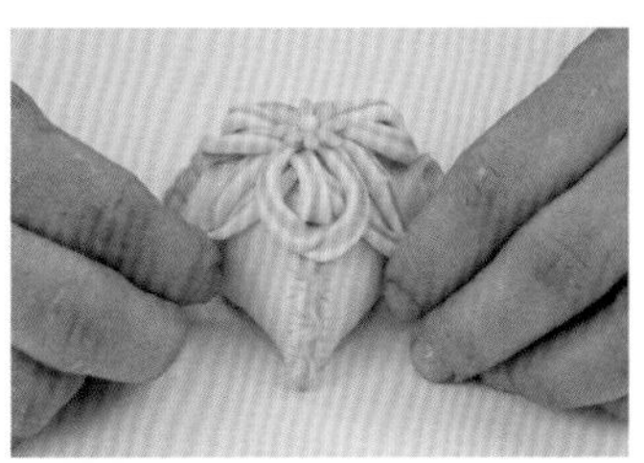

30. 放入搓圆面团当蕊心。

28 花漾剪剪包子之四剪包

做法 Methods　份量 6 个　手揉搅拌 + 手擀

搅拌 1. 配方详见第 74 页“花漾剪剪包子之三剪包”；细砂糖与鲜奶充分拌匀；钢盆内放入面团其他材料，倒入混匀的液体材料揉至呈光滑面团。（手工揉制不需松弛，机器搅拌则需要松弛 5 分钟）

压延 2. 面团二等分，一份染色，一份维持原始白色，分别擀折 3 折 3 次，擀成均匀光亮面片。

分割 3. 面片卷起成长条状，白面团分割为每个 30g，染色面团分割为每个 30g，滚圆，亮面朝上放置。馅分割为每个 25g，剩余面团分割为每个 12g，包入馅料备用。

★ 馅料用剩余面皮包起来，整形时比较不会因为反复操作而漏出。

擀圆 4. 沾适量手粉将双色面团压扁重叠，取擀面棍两面擀开，擀成厚薄一致、直径约 12cm 的圆形面皮。

整形 5. 参考第 81 ~ 83 页的详细解析。

发酵 6. 分别放在裁好的烘焙纸上，取 20 ~ 30g 面团搓圆放入水中测试发酵状态，最后发酵 10 ~ 15 分钟。

蒸制 7. 蒸锅水预先煮滚，将发酵好的面团入蒸笼以大火蒸 12 分钟即可。

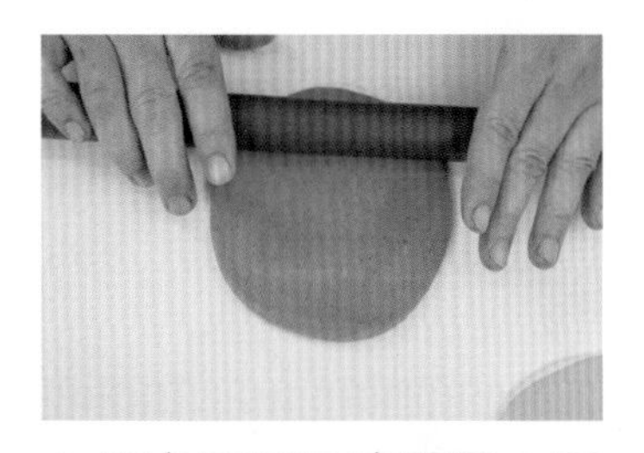

1. 双色面团压扁重叠，两面擀开，擀成厚薄一致、直径约 12cm 的圆形面皮。

2. 放上馅料。

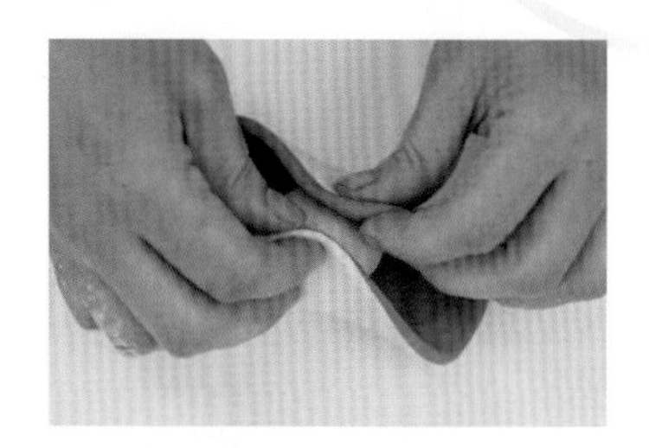

3. 两侧朝中心抓面皮。

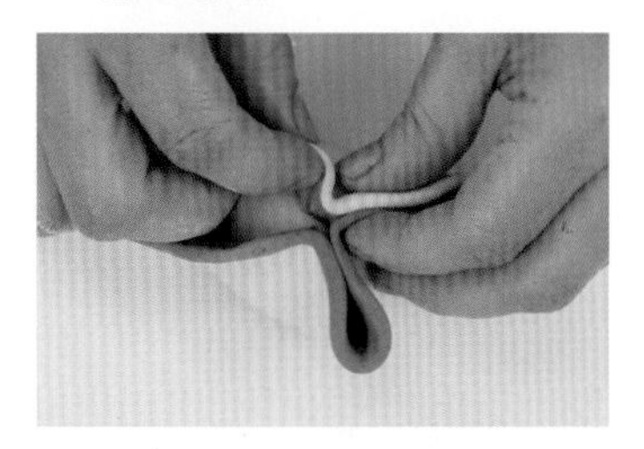

4. 调整位置，取出四个角。

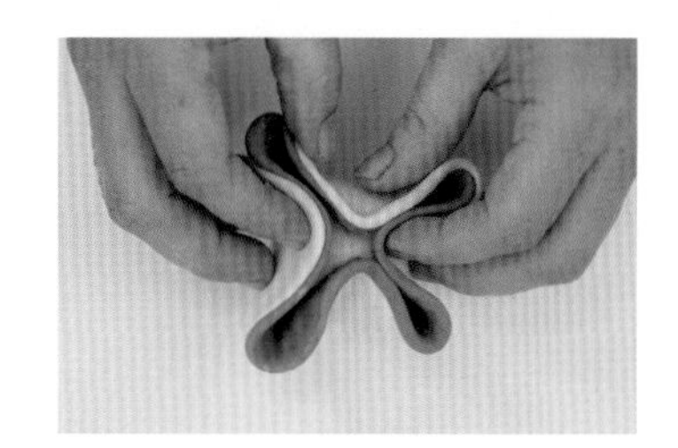

5. 如图。

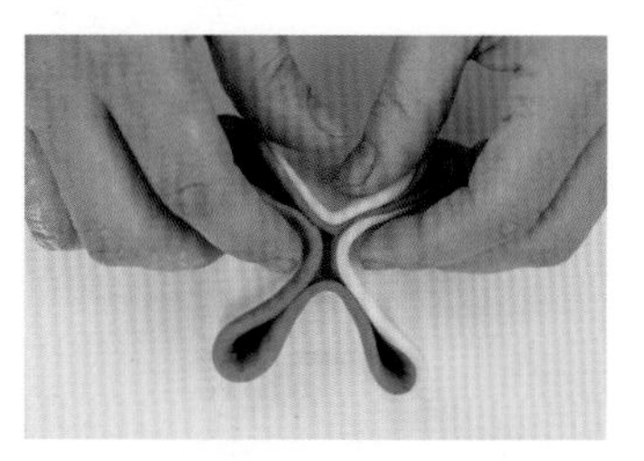

6. 微调位置，确认四角均等协调。

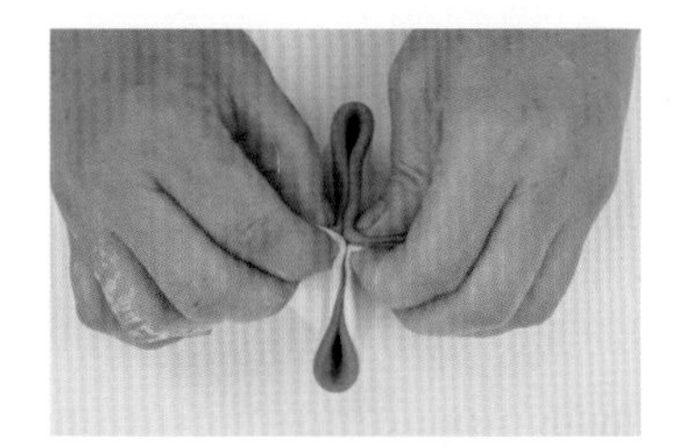

7. 从中心开始捏紧。

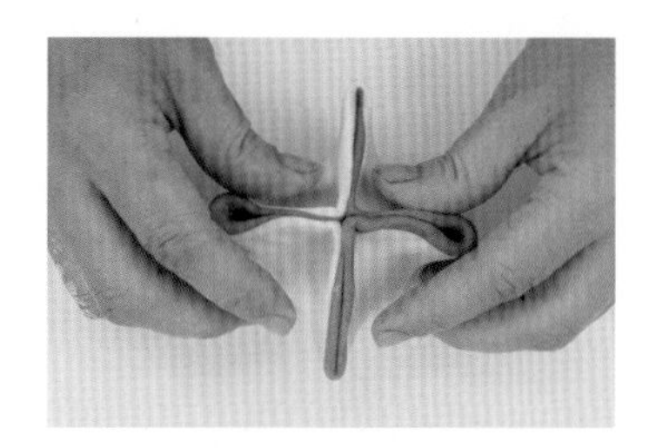

8. 捏到四边尾端。

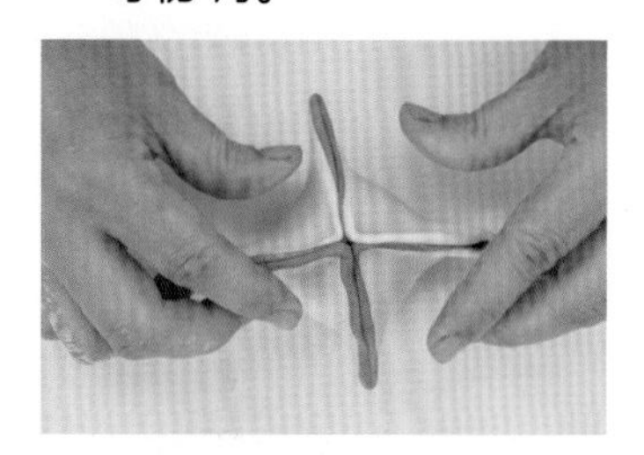

9. 捏紧准备整形。

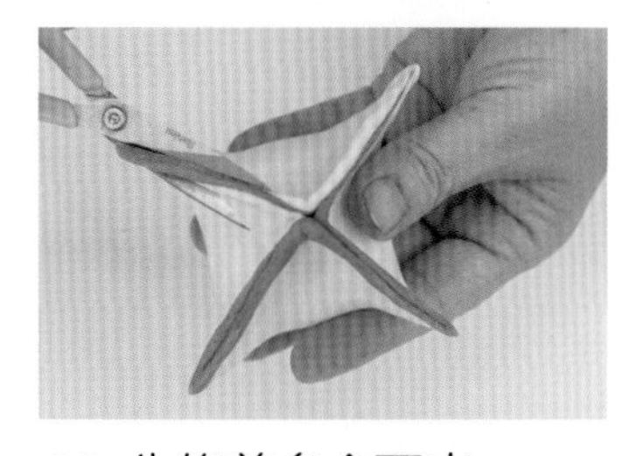

10. 先修剪多余面皮。

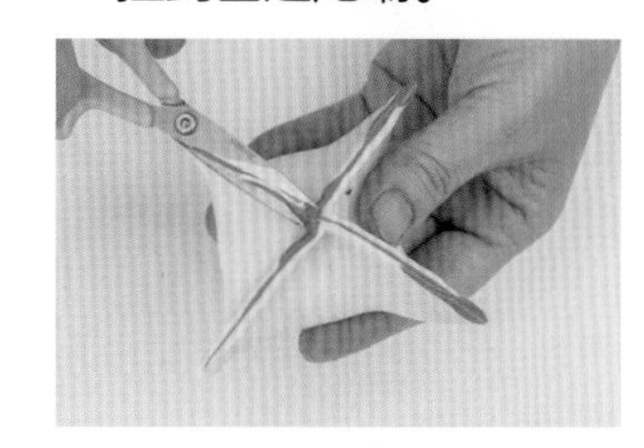

11. 在 4 条棱上以剪刀每隔 0.2cm 平行剪一刀。

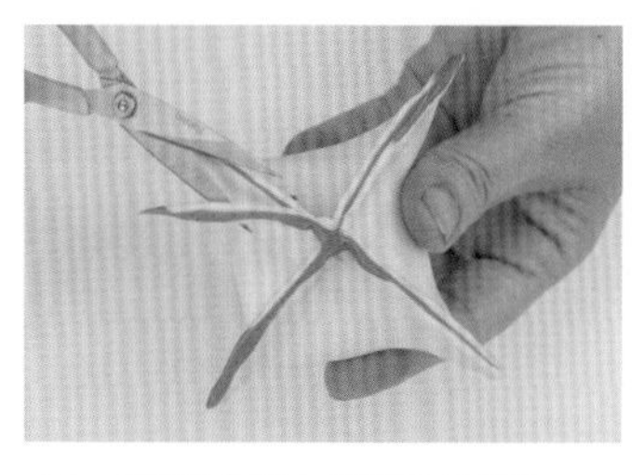

12. 每条棱边都剪 2 刀。

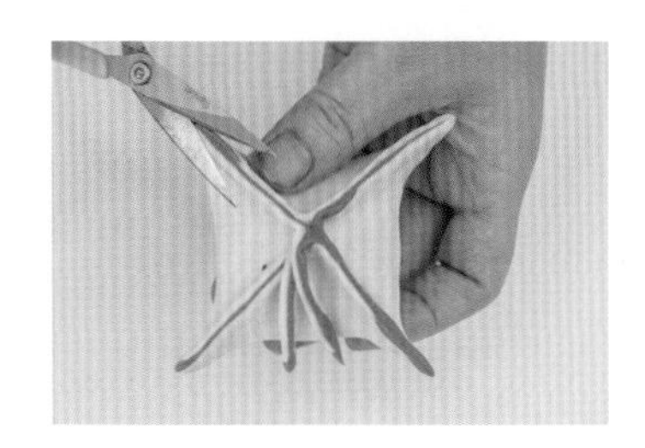

13. 共两层。

14. 将同一边剪出的 2 小条错开。

15. 提起一边的上层条。

16. 与邻边的下层条捏合。

17. 捏合第 2 个圈。

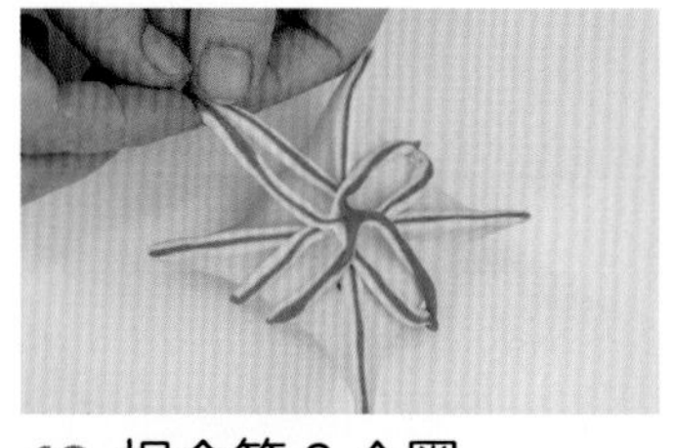

18. 捏合第 3 个圈。

19. 捏合第 4 个圈。

20. 提起一个圈的末端朝中心盘压。

21. 如图。

22. 提起第 2 个圈的末端朝中心盘压。

23. 如图。

24. 提起第 3 个圈的末端朝中心盘压。

25. 提起第 4 个圈的末端朝中心盘压。

26. 再剪第三层，每条棱边都剪一刀。

27. 第 1 条边朝中心盘压。

28. 第 2 条边朝中心盘压。

29. 第 3、4 条边朝中心盘压。

30. 第 4 条边朝中心盘压。

31. 如图。

32. 模具压出花朵。

33. 中心点上水，放上花朵。

34. 将工具戳入花朵中心。

35. 中心点适量清水，放上搓圆的白色面团。

36. 续剪第四层。

37. 每条棱边都剪 2 刀。

38. 依序剪好。

39. 将同一边剪出的 2 小条错开。

40. 将 2 小条都错开。

41. 将一边的上层边与邻边的下层边捏合。

42. 捏紧第 2 个圈。

43. 捏紧第 3 个圈。

44. 捏紧第 4 个圈。

45. 剪掉多余面皮。

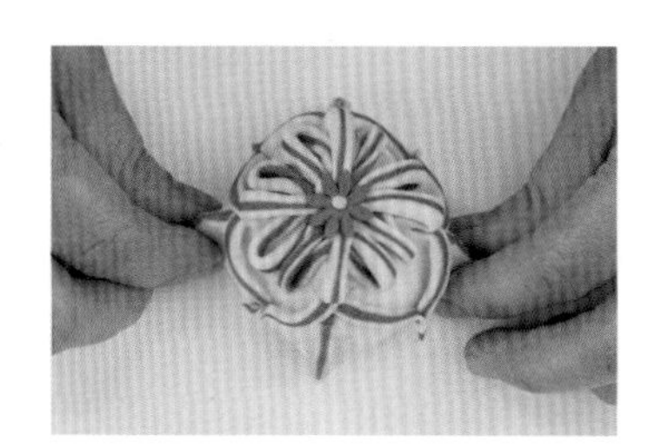
46. 捏紧四边。

47. 花夹夹出花纹。

48. 完成。

29 几何琉璃包

材料
Ingredients　份量 8 个

		百分比	重量 /g
面团	中筋面粉	100	300
	即溶酵母粉	1	3
	鲜奶	46	138
	细砂糖	11	33
	油	1.5	4.5
	低温老面	20	60
	盐	0.5	1.5
	合计	180	540

		重量 /g
调色	红曲粉（或蝶豆花粉）	3
馅料	豆沙馅	160

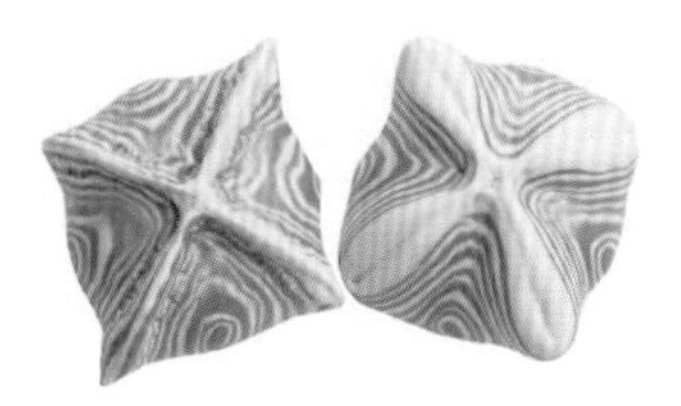

做法 Methods

手揉搅拌 + 手擀

前置	1. 详见第 16 页备妥低温老面。
搅拌	2. 细砂糖与鲜奶充分拌匀；钢盆内放入面团其他材料，倒入混匀的液体材料揉至呈光滑面团。（手工揉制不需松弛，机器搅拌则需要松弛 5 分钟）
压延	3. 面团二等分，一份染色，一份维持原始白色，分别擀折 3 折 3 次，擀成均匀光亮面片。
分割	4. a. 双色面片重叠擀开成宽 16cm、长 45 ~ 50cm，切去多余面皮。（图 1） b. 面团上下两端朝中心卷起。（图 2 ~图 4） c. 切除左右多余面皮，取 1cm 切一刀不切断，再取 1cm 切断，此刀法叫做蝴蝶刀，以同样的刀法切八等分；剩余面团取 80g，再分成 8 份擀开，每 10g 面皮包入 20g 馅料备用。（图 5 ~图 6） ★ 馅料用剩余面皮包起来，整形时不会因为反复操作而漏出。
擀圆整形	5. 面团翻正擀开，擀成边长约 9cm 的方形面皮，包入馅料，捏成四角形，四边以花夹夹出花纹。（图 7 ~图 16）
发酵	6. 花纹朝上放在裁好的烘焙纸上，直接放入蒸笼以室温（或使用烤箱 / 发酵箱）发酵，取 20 ~ 30g 面团搓圆放入水中测试发酵状态，最后发酵大约 20 分钟。
蒸制	7. 蒸锅水预先煮滚，将发酵好的面团入蒸笼以大火蒸 12 分钟即可。

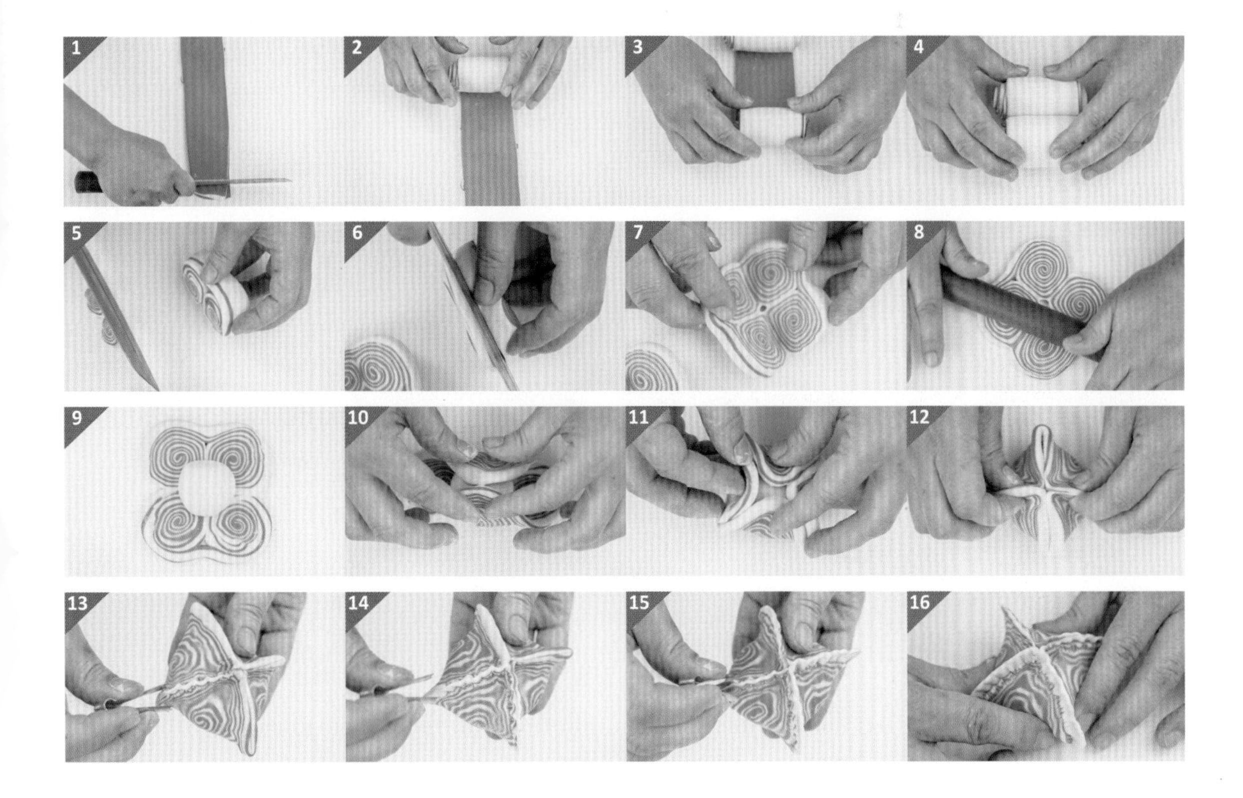

30 小米花生包

材料 Ingredients

份量 14 个

		百分比	重量 /g
面团	中筋面粉	100	300
	即溶酵母粉	1	3
	冰水	52	156
	细砂糖	10	30
	油	4	12
	合计	167	501

		重量 /g
馅料	花生馅	210
装饰	小米	100

做法 Methods

手揉搅拌 + 手擀

备馅　1.【花生馅】猪油 200g、花生酱 30g 加入糖粉 100g 混合均匀，再加入花生粉 250g 拌匀。

前置　2. 小米先用活水淘洗，再泡水 4 小时，沥干备用。

搅拌　3. 细砂糖与冰水充分拌匀；钢盆内放入面团其他材料，倒入混匀的液体材料揉至呈光滑面团。（手工揉制不需松弛，机器搅拌则需要松弛 5 分钟）

压延　4. 沾取适量手粉，以擀面棍擀折 3 折 3 次，擀成均匀光亮面片。

分割　5. 面片卷起成长条状，面团分割为每个 35g；馅分割为每个 15g。

擀圆　6. 沾适量手粉将面团压扁，取擀面棍擀开，擀成外围薄中间厚、直径约 6cm 的圆形面皮。

整形　7. a. 面皮包入馅料，左手托着面皮，右手大拇指、食指往前捏，捏制过程中防止馅料位移溢出，左手大拇指可辅助将馅料压入，右手持续将面皮往前捏，最后收紧搓圆。（图 1 ～图 2）

b. 光滑面朝上，沾取适量小米。（图 3 ～图 4）

发酵　8. 分别放在裁好的烘焙纸上，取 20 ～ 30g 面团搓圆放入水中测试发酵状态，最后发酵 20 ～ 30 分钟。

蒸制　9. 蒸锅水预先煮滚，将发酵好的面团入蒸笼以大火蒸 6 分钟即可。

31 红藜芝麻包

材料 Ingredients

份量 14 个

		百分比	重量 /g
面团	中筋面粉	100	300
	即溶酵母粉	1	3
	冰水	52	156
	细砂糖	10	30
	油	4	12
	合计	167	501

		重量 /g
馅料	芝麻馅	210
装饰	红藜麦	100

做法 Methods

手揉搅拌 + 手擀

前置 1. a. 红藜麦先用活水淘洗，再泡水 4 小时，沥干备用。
b.【芝麻馅】猪油 200g 与花生酱 30g 加入糖粉 100g 混合均匀，再加入黑芝麻粉 250g 拌匀。

搅拌 2. 细砂糖与冰水充分拌匀；钢盆内放入面团其他材料，倒入混匀的液体材料揉至呈光滑面团。（手工揉制不需松弛，机器搅拌则需要松弛 5 分钟）

压延 3. 沾取适量手粉，以擀面棍擀折 3 折 3 次，擀成均匀光亮面片。

分割 4. 面片卷起成长条状，面团分割为每个 35g；馅分割为每份 15g。

擀圆 5. 沾适量手粉将面团压扁，取擀面棍擀开，擀成外围薄中间厚、直径约 6cm 的圆形面皮。

整形 6. a. 面皮包入馅料，左手托着面皮，右手大拇指、食指往前捏，捏制过程中防止馅料位移溢出，左手大拇指可辅助将馅料压入，右手持续将面皮往前捏，最后收紧搓圆。（图 1 ~图 2）
b. 光滑面朝上，沾取适量红藜麦。（图 3 ~图 4）

发酵 7. 收口朝下放在裁好的烘焙纸上，直接放入蒸笼以室温（或使用烤箱 / 发酵箱）发酵，取 20 ~ 30g 面团搓圆放入水中测试发酵状态，最后发酵 20 ~ 30 分钟。

蒸制 8. 蒸锅水预先煮滚，将发酵好的面团入蒸笼以大火蒸 6 分钟即可。

32 爆浆流沙包

材料 Ingredients

份量 12 ~ 14 个

		百分比	重量 /g
面团	中筋面粉	100	300
	即溶酵母粉	1	3
	冰水	52	156
	细砂糖	10	30
	油	4	12
	合计	167	501

		重量 /g
馅料	咸蛋黄	50
	糖粉	50
	黄油	12
	玉米淀粉	5
	奶粉	15
	鲜奶	70
	吉利丁片	1 片
装饰	金箔	适量

做法 Methods

手揉搅拌 + 手擀

备馅

1. a. 咸蛋黄以上火 180℃ / 下火 170°C 烤 20 分钟，烤熟冷却后，磨成粉末备用。
   b. 取吉利丁片 1 片泡入饮用冰水，泡约 10 分钟，捞起，捏紧去除水分。
   c. 黄油熔化备用。
   d. 鲜奶煮到 80℃，放入泡软、挤干水分的吉利丁片拌匀，冷却到 40°C 备用。
   e. 将馅料所有食材搅拌均匀，放入冷藏备用。

搅拌

2. 细砂糖与冰水充分拌匀；钢盆内放入面团其他材料，倒入混匀的液体材料揉至呈光滑面团。（手工揉制不需松弛，机器搅拌则需要松弛 5 分钟）

压延

3. 以擀面棍擀折 3 折 3 次，擀成均匀光亮面片。

分割

4. 面片卷起成长条状，面团分割为每个 35g；馅分割为每个 15g。

擀圆

5. 沾适量手粉将面团压扁，取擀面棍擀开，擀成外围薄中间厚、直径约 6cm 的圆形面皮。

整形

6. 面皮包入馅料，左手托着面皮，右手大拇指、食指往前捏，捏制过程中防止馅料位移溢出，左手大拇指可辅助将馅料压入，右手持续将面皮往前捏，最后收紧搓圆。（图 1 ~ 图 3）

发酵

7. 收口朝下放在裁好的烘焙纸上，直接放入蒸笼以室温（或使用烤箱 / 发酵箱）发酵，取 20 ~ 30g 面团搓圆放入水中测试发酵状态，最后发酵 20 ~ 30 分钟。

蒸制

8. 蒸锅水预先煮滚，将发酵好的面团入蒸笼以大火蒸 6 分钟即可，蒸熟取出，点缀金箔。（图 4）

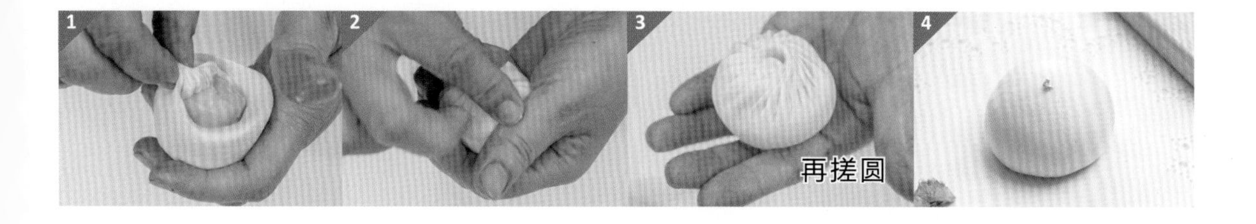

33 黄金麻蓉包

材料 Ingredients　份量 10 个

		百分比	重量 /g
面团	中筋面粉	100	300
	即溶酵母粉	1	3
	鲜奶	46	138
	细砂糖	11	33
	油	1.5	4.5
	低温老面	20	60
	盐	0.5	1.5
	枸杞	3.5	10.5
	合计	183.5	550.5

		重量 /g
馅料	黄油	100
	炼乳	50
	花生酱	100
	花生粉	50
	面茶熟面粉	50
	白芝麻粉	100
	鲜奶	30

做法 Methods　手揉搅拌 + 手擀

前置

1. a. 详见第 16 页备妥低温老面。
   b.【面茶熟面粉】用炒菜锅将面粉（低筋、中筋、高筋都可以）干炒成金黄色，即成面茶熟面粉。
   c. 将黄油、炼乳、花生酱拌均匀，再加入花生粉、面茶熟面粉、白芝麻粉拌匀，最后加入鲜奶拌匀，冷藏备用。

搅拌

2. 细砂糖与鲜奶充分拌匀；钢盆内放入面团其他材料，倒入混匀的液体材料揉至呈光滑面团，松弛 5 分钟。

压延

3. 沾取适量手粉，以擀面棍擀折 3 折 3 次，擀成均匀光亮面片。

分割

4. 面片卷起成长条状，面团分割为每个 50g；馅分割为每个 30g。

擀圆

5. 沾适量手粉将面团压扁，取擀面棍擀开，擀成外围薄中间厚、直径约 7cm 的圆形面皮。

整形

6. 面皮包入馅料，左手托着面皮，右手大拇指、食指左右往前捏，左手大拇指可辅助将馅料压入，右手面皮持续往前，逆时针捏到最后，收紧收口。

发酵

7. 收口朝下放在裁好的烘焙纸上，直接放入蒸笼以室温（或使用烤箱 / 发酵箱）发酵，取 20 ~ 30g 面团搓圆放入水中测试发酵状态，最后发酵 20 分钟。

蒸制

8. 蒸锅水预先煮滚，将发酵好的面团入蒸笼以大火蒸 10 分钟即可。将烙印模具加热 3 分钟，面团出炉降温，在尚有温度时赶快烙印，轻轻印在面团表面，停留时间太久颜色会太深，取适当时间即可。（图 1 ~图 4）

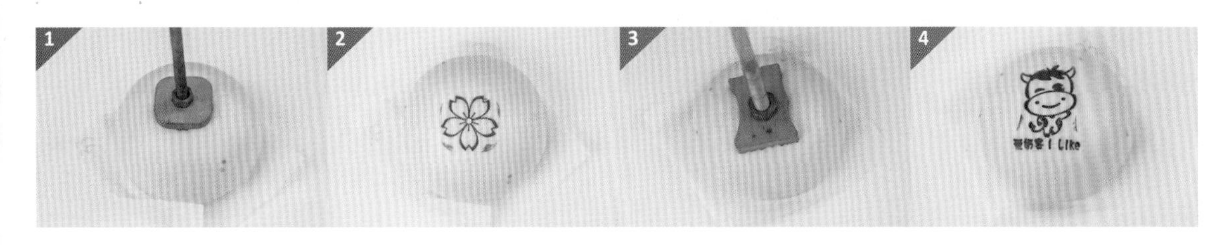

第3章

基础馒头这样做

馒头整形这样做

圆形馒头整形要点

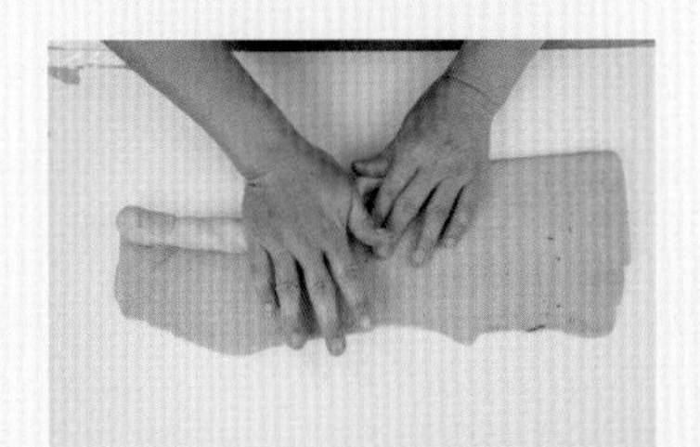

1. 用擀面棍将面团擀成适当大小（或用机器压延），从右边面皮开始卷。

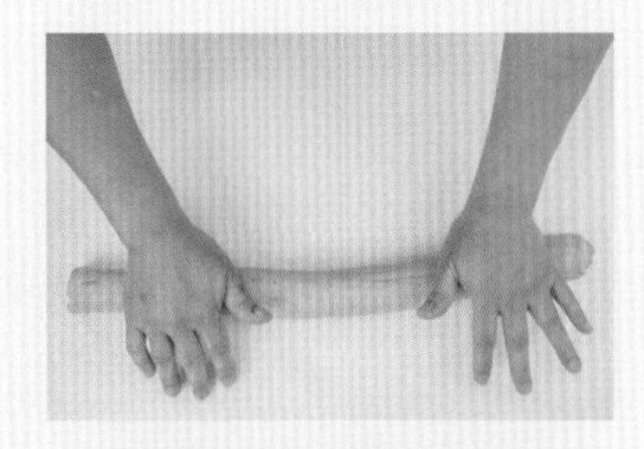

2. 再把左边面皮收紧卷起。（卷完前需擀开前端面皮并抹水）

3. 将面团分割成所需重量。

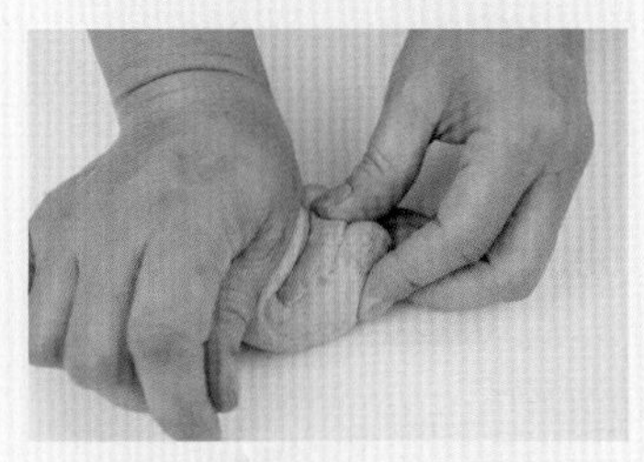

4. 右手于上方压着面团。

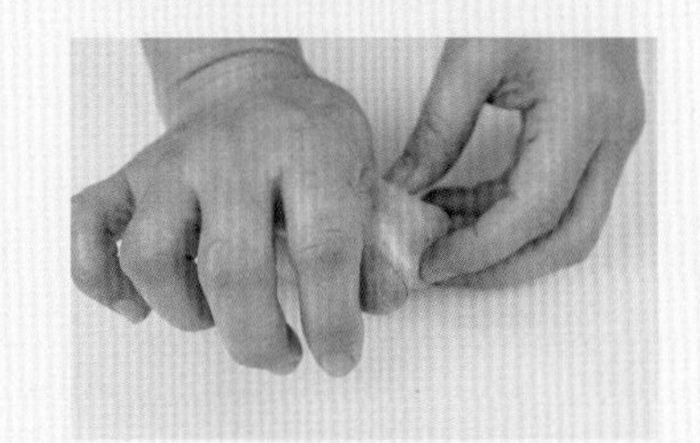

5. 左手抓着面团底部。

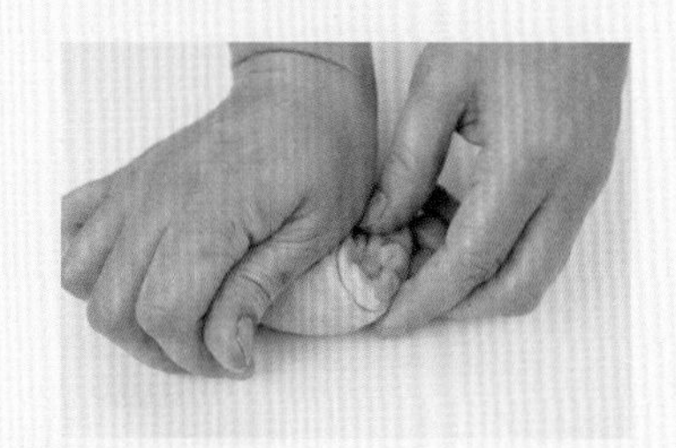

6. 往后方、下方收入面团底部。

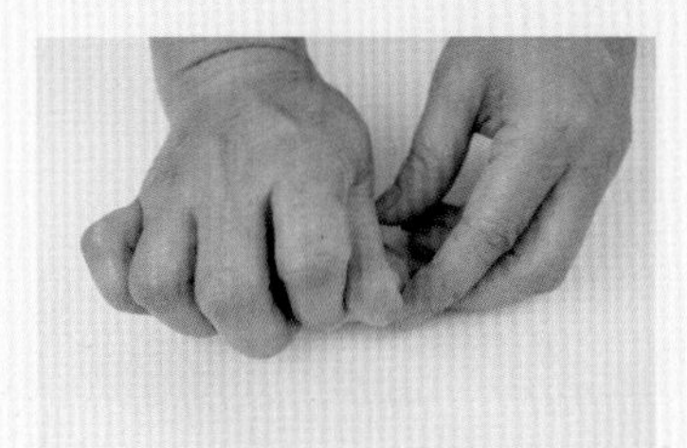

7. 基本不动的右手会一直压着平滑面。

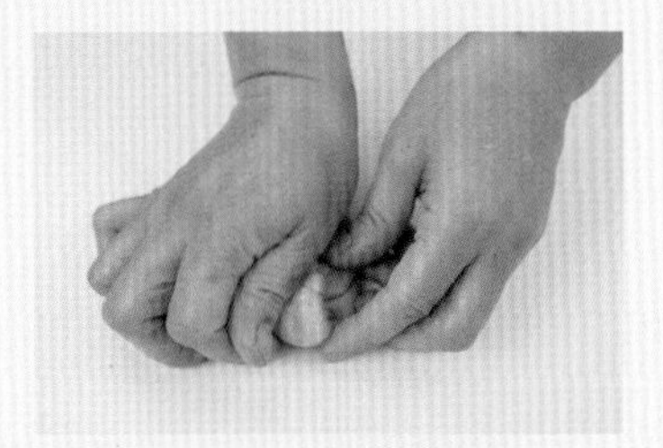

8. 慢慢地，平滑面会增多，越来越多面团被收往下方。

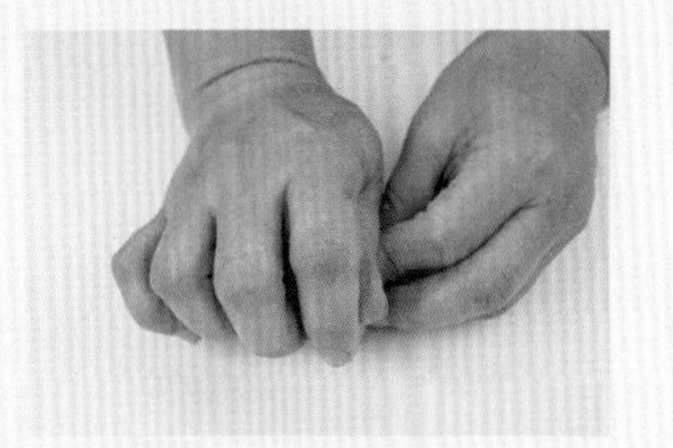

9. 重复此动作至面团成为光滑的球形。

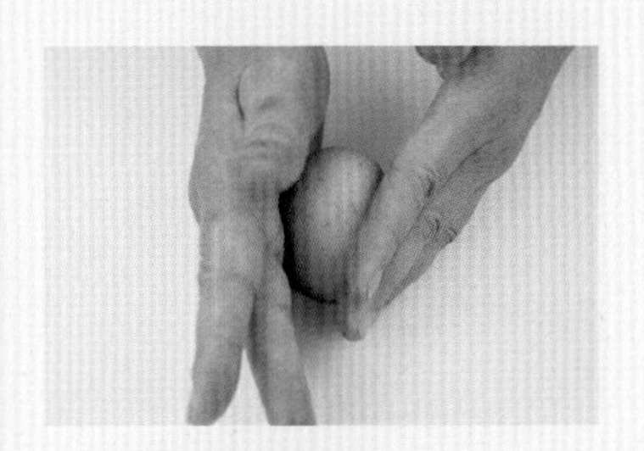

10. 双手稍微搓一下。

11. 调整面团造型。

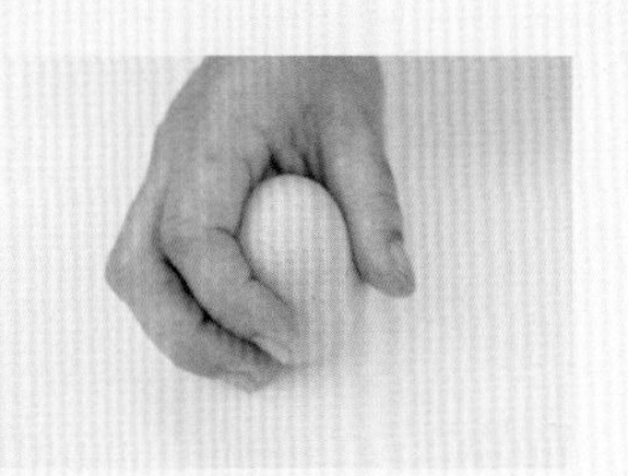

12. 底部轻敲，整形成圆形。

刀切馒头整形要点

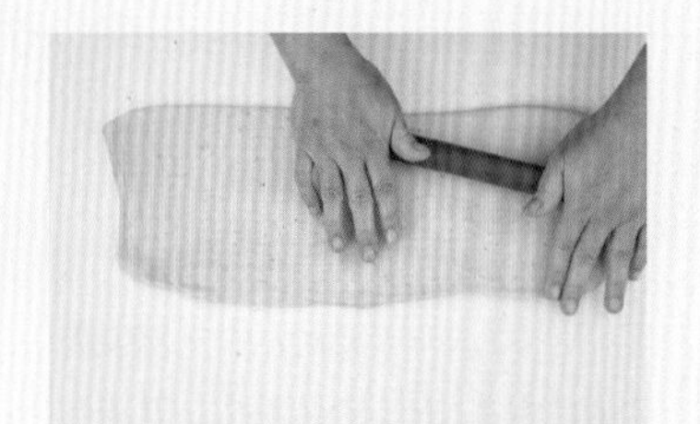

1. 用擀面棍将面团擀成适当大小（或用机器压延）。

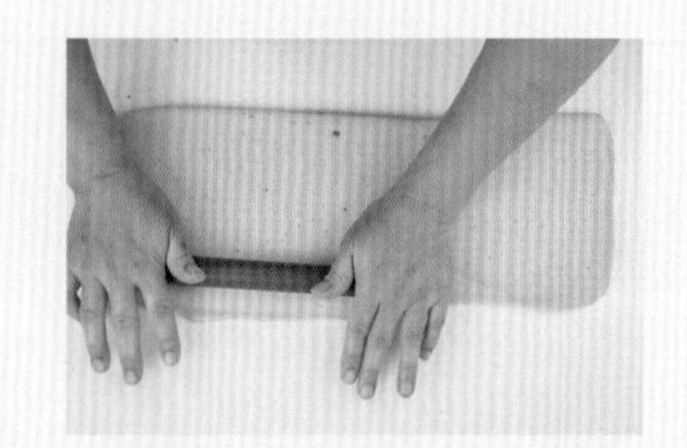

2. 朝上下左右擀压，调整四边的大小。

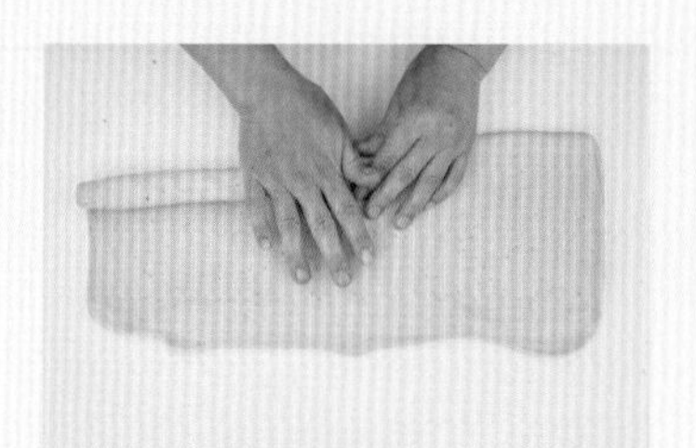

3. 从右边开始。

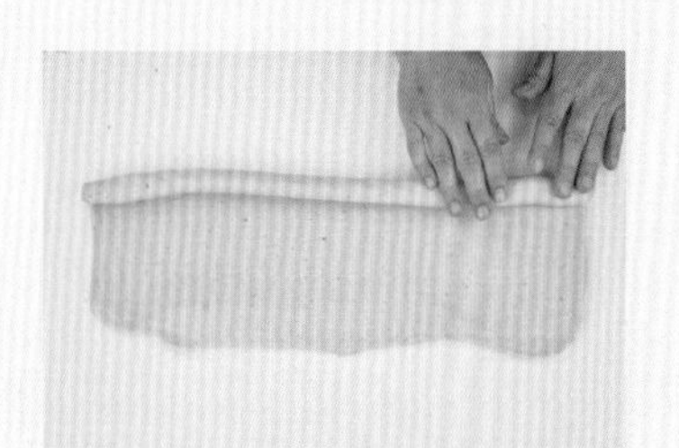

4. 往左边卷起。

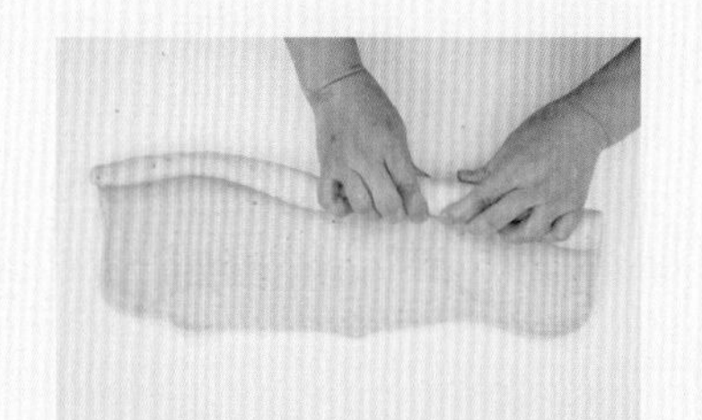

5. 再从左边开始往右边卷起。

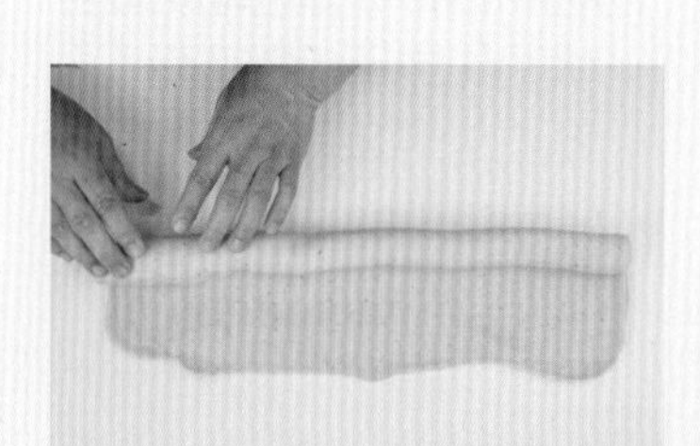

6. 卷好后，稍微擀压面皮前端，抹水。

7. 再从右往左卷起。

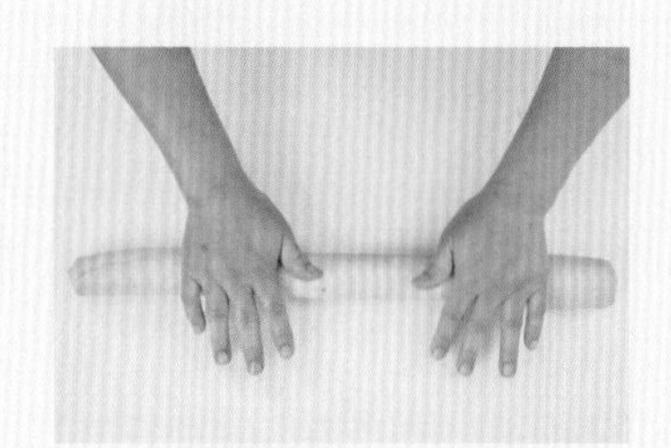

8. 收紧卷起。

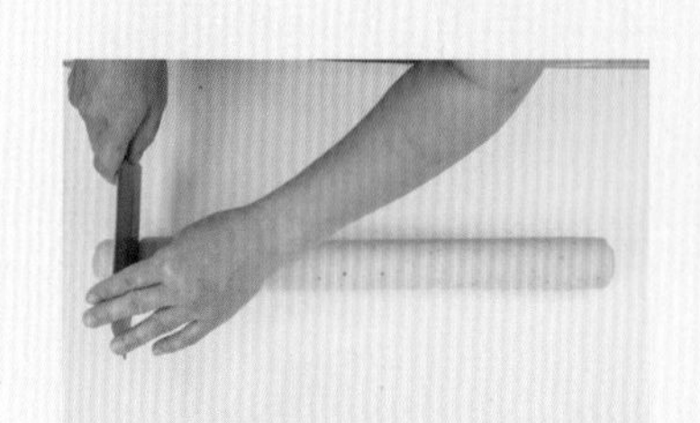

9. 将多余面皮切掉。

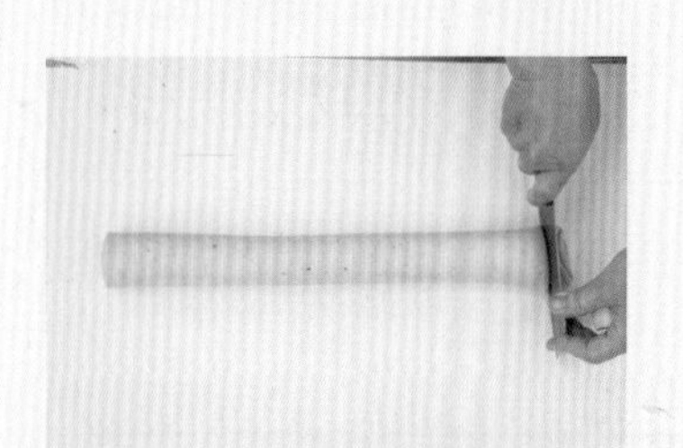

10. 两端都要切掉。

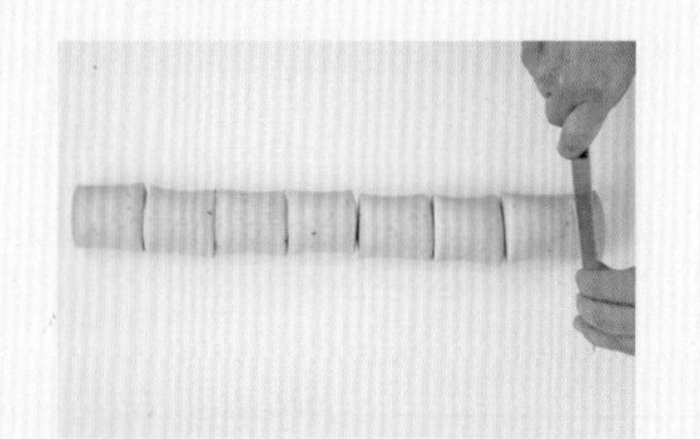

11. 轻压面皮。估计一下要切成几份，开始分割面团。

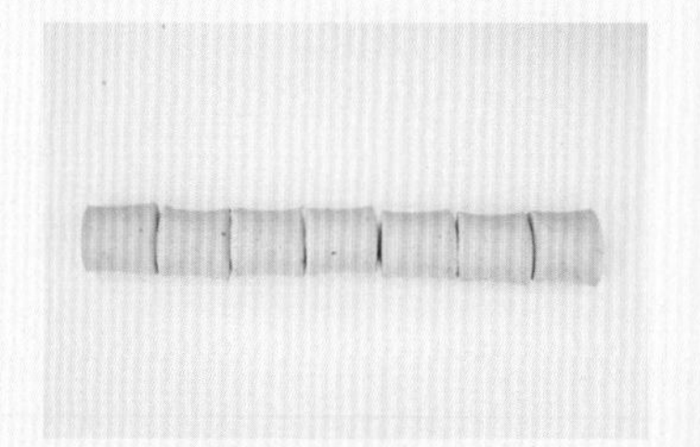

12. 完成。

花卷整形要点

1. 用擀面棍将面团擀成适当大小（或用机器压延）。

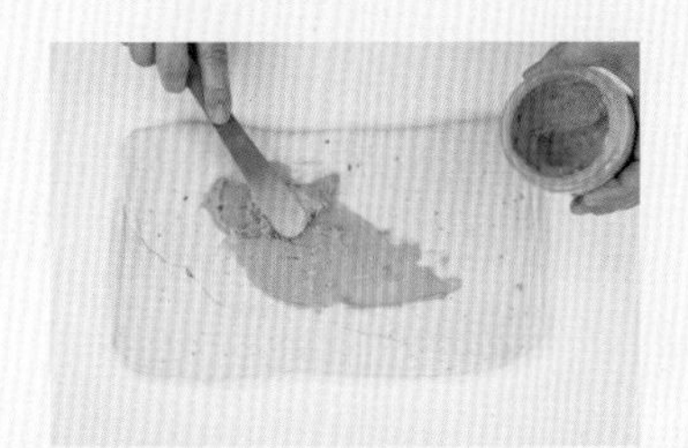

2. 铺料中如果有需要抹上的材料，现在就可以均匀地抹上面皮了。

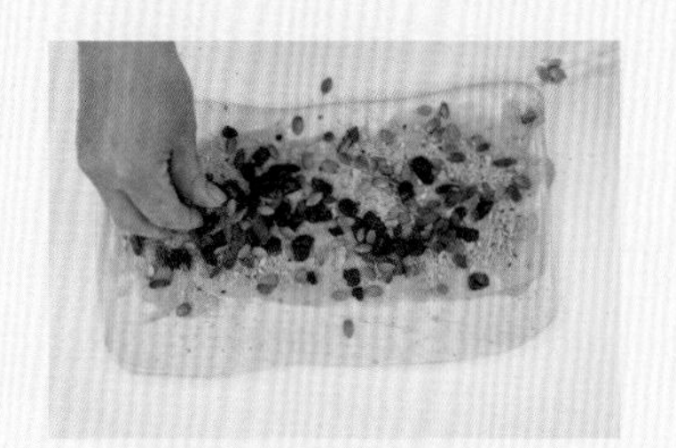

3. 参考配方依序放上材料，面皮前端留稍许空间。

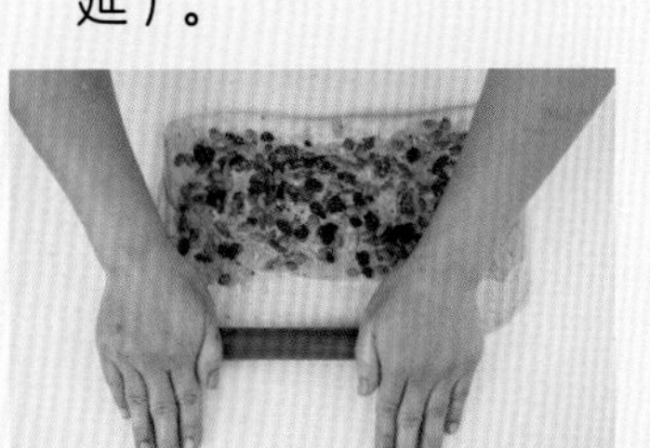

4. 取擀面棍擀开。

5. 从右边开始。

6. 往左收紧卷起。

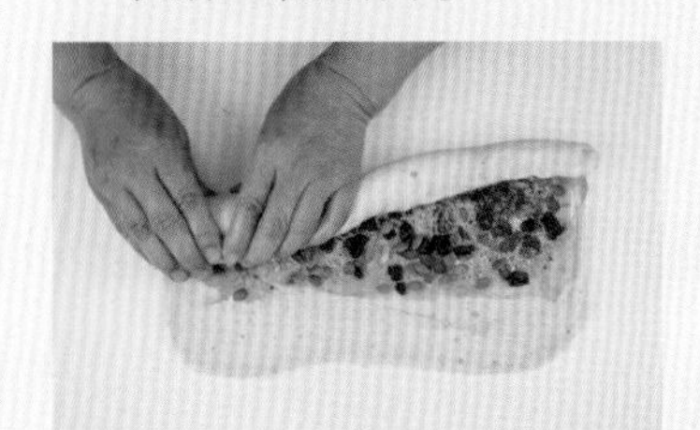

7. 再从右边开始。

8. 继续往左卷起。

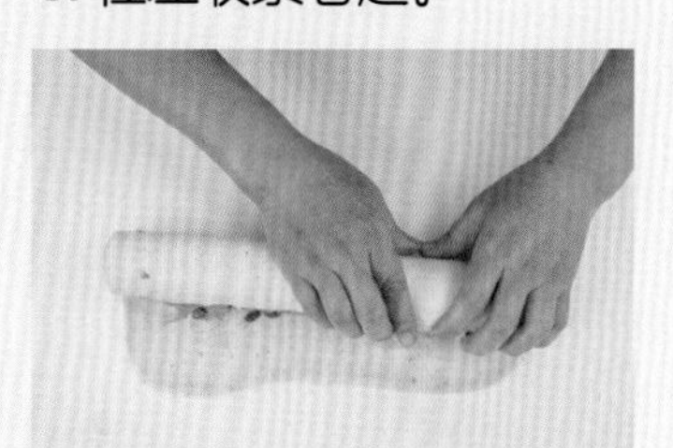

9. 从右往左收紧卷起。

10. 收紧后在面团前端擀开的部分抹水。

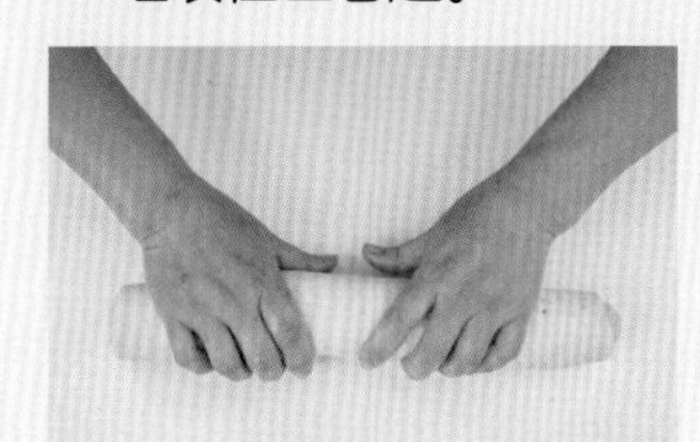

11. 收紧卷起。

12. 切去两端不规则面皮。

13. 轻压面皮，估计一下要切几份。

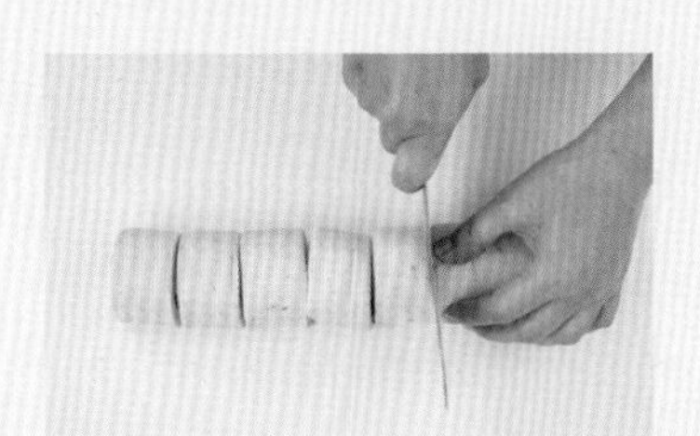

14. 每刀都要切断。

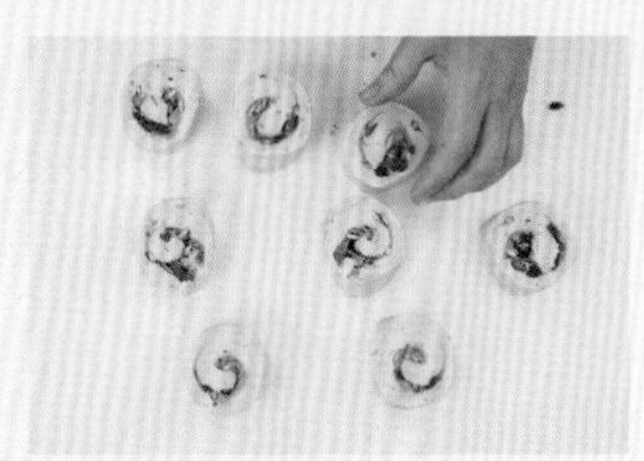

15. 面团切面朝上，即可进入发酵环节。

34
海之味馒头

材料 Ingredients

份量 6 个

		百分比	重量 /g
面团	中筋面粉	100	300
	细砂糖	11	33
	盐	0.5	1.5
	鲜酵母	2	6
	鲜奶	46	138
	低温老面	20	60
	油	2	6
	老抽酱油	3	9
	沙茶酱	5	15
	海带芽	5	15
	小麦胚芽粉	2	6
	合计	196.5	589.5

做法 Methods

手揉搅拌 + 手擀

前置
1. a. 海带芽先泡水，再用活水将盐洗掉，挤干水分，切碎备用。
   b. 参见第 16 页备妥低温老面。

搅拌
2. 细砂糖与鲜奶充分拌匀；钢盆内放入所有材料，加入混匀的液体材料揉至呈光滑面团。

压延
3. 以擀面棍擀折 3 折 3 次，擀成均匀光亮面片，再卷成 30cm 长条。

分割整形
4. 面团分割为 6 个，详见第 95 页圆形馒头整形手法。

发酵
5. 整形完毕放在裁好的烘焙纸上，直接放入蒸笼以室温（或使用烤箱 / 发酵箱）发酵，取 20 ~ 30g 面团搓圆放入水中测试发酵状态，最后发酵 20 ~ 30 分钟。

蒸制
6. 蒸锅水预先煮滚，将发酵好的面团入蒸笼以大火蒸 15 分钟即可。

35 花生好事馒头

材料 Ingredients

份量 7 个

		百分比	重量 /g
面团	中筋面粉	100	300
	细砂糖	11	33
	盐	0.5	1.5
	鲜酵母	2	6
	鲜奶	50	150
	低温老面	20	60
	花生酱	3	9
	花生粉	5	15
	合计	191.5	574.5

		重量 /g
铺料	南瓜籽	15
	葡萄干	30
	蔓越莓	30
	花生粉	30
	糖粉	15
	花生酱	60

做法 Methods

手揉搅拌 + 手擀

前置

1. a. 南瓜籽以上火 160℃ / 下火 150°C 烘烤 15 分钟，冷却备用。
   b. 参见第 16 页备妥低温老面。

搅拌

2. 细砂糖与鲜奶充分拌匀；钢盆内放入面团其他材料，倒入混匀的液体材料揉至呈光滑面团。

压延

3. 沾取适量手粉，以擀面棍擀折 3 折 3 次，擀成均匀光亮的 30cm 长面片。

整形分割

4. 详见第 97 页花卷整形手法，将面团分割为 7 个。

发酵

5. 切面朝上，放在裁好的烘焙纸上，直接放入蒸笼以室温（或使用烤箱 / 发酵箱）发酵，取 20 ~ 30g 面团搓圆放入水中测试发酵状态，最后发酵 20 ~ 30 分钟。

蒸制

6. 蒸锅水预先煮滚，将发酵好的面团入蒸笼以大火蒸 15 分钟即可。

36 XO酱馒头

材料 Ingredients

份量 6 个

		百分比	重量 /g
面团	中筋面粉	100	300
	细砂糖	11	33
	盐	0.5	1.5
	鲜酵母	2	6
	鲜奶	46	138
	低温老面	20	60
	XO 酱	5	15
	老抽酱油	4	12
	油葱酥	4	12
	合计	192.5	577.5

做法 Methods

手揉搅拌 + 手擀

前置 1. 参见第 16 页备妥低温老面。

搅拌 2. 细砂糖与鲜奶充分拌匀；钢盆内放入面团其他材料，倒入混匀的液体材料揉至呈光滑面团。

压延 3. 以擀面棍擀折 3 折 3 次，擀成均匀光亮面片，再卷成 30cm 长条。

分割整形 4. 面团分割为 6 个，详见第 95 页圆形馒头整形手法。

发酵 5. 整形完毕放在裁好的烘焙纸上，直接放入蒸笼以室温（或使用烤箱 / 发酵箱）发酵，取 20 ~ 30g 面团搓圆放入水中测试发酵状态，最后发酵 20 ~ 30 分钟。

蒸制 6. 蒸锅水预先煮滚，将发酵好的面团入蒸笼以大火蒸 15 分钟即可。

37

伯爵红茶馒头

材料 Ingredients

份量 6 个

		百分比	重量 /g
A	中筋面粉	100	300
	细砂糖	12	36
	盐	0.5	1.5
	鲜酵母	2	6
	鲜奶	40	120
	低温老面	50	150
	油	2	6
B	磨碎的红茶叶	1.5	5
A+B	合计	208	624.5

做法 Methods

手揉搅拌 + 手擀

前置

1. a.【红茶鲜奶茶】鲜奶 120g 煮沸，与磨碎的红茶叶 5g 一同浸泡，冷却备用。
b. 参见第 16 页备妥低温老面。

搅拌

2. 细砂糖与红茶鲜奶茶充分拌匀；钢盆内放入 A 组其他材料，倒入混匀的液体材料揉至呈光滑面团。

★ 磨碎的红茶叶可以多添加 0.5%，调整香气与口感。

压延

3. 以擀面棍擀折 3 折 3 次，擀成均匀光亮面片，再卷成 30cm 长条。

分割整形

4. 面团分割为 6 个，详见第 95 页圆形馒头整形手法。

发酵

5. 整形完毕放在裁好的烘焙纸上，直接放入蒸笼以室温（或使用烤箱 / 发酵箱）发酵，取 20 ~ 30g 面团搓圆放入水中测试发酵状态，最后发酵 20 ~ 30 分钟。

蒸制

6. 蒸锅水预先煮滚，将发酵好的面团入蒸笼以大火蒸 15 分钟即可。

38 玫瑰奇亚籽馒头

材料 Ingredients

份量 6 个

		百分比	重量 /g
A	中筋面粉	100	300
	细砂糖	14	42
	盐	0.5	1.5
	鲜酵母	1.5	4.5
	鲜奶	36	108
	低温老面	70	210
	油	3	9
	玫瑰酿	15	45
	红曲粉	0.5	1.5
	干燥玫瑰花	3	9
	合计	243.5	730.5

		百分比	重量 /g
B	奇亚籽	3	9
	蔓越莓	10	30
A+B	合计	256.5	769.5

做法 Methods

手揉搅拌 + 手擀

前置

1. a. 蔓越莓切碎备用。
   b. 参见第 16 页备妥低温老面。

搅拌

2. a. 细砂糖与鲜奶充分拌匀；钢盆内放入 A 组其他材料，再加入混匀的液体材料揉至呈光滑面团。
   b. 最后加入 B 组材料，搅拌均匀即可。

压延

3. 以擀面棍擀折 3 折 3 次，擀成均匀光亮面片，再卷成 30cm 长条。

分割整形

4. 面团分割为 6 个，详见第 95 页圆形馒头整形手法。

发酵

5. 整形完毕放在裁好的烘焙纸上，直接放入蒸笼以室温（或使用烤箱 / 发酵箱）发酵，取 20 ~ 30g 面团搓圆放入水中测试发酵状态，最后发酵 20 ~ 30 分钟。

蒸制

6. 蒸锅水预先煮滚，将发酵好的面团入蒸笼以大火蒸 15 分钟即可。

39 姜黄糙米馒头

材料 Ingredients

份量 7 个

		百分比	重量 /g
A	中筋面粉	100	300
	细砂糖	12	36
	盐	0.5	1.5
	鲜酵母	2	6
	鲜奶	40	120
	低温老面	50	150
	油	2	6
	姜黄	1	3
	合计	207.5	622.5

		百分比	重量 /g
B	糙米	10	30
	红藜麦	3	9
	小米	3	9
A+B	合计	223.5	670.5

做法 Methods

手揉搅拌 + 手擀

前置

1. a. 红藜麦、小米泡水 4 小时，沥干水分备用。
b. 糙米煮熟备用。
c. 参见第 16 页备妥低温老面。

搅拌

2. a. 细砂糖与鲜奶充分拌匀；钢盆内放入 A 组其他材料，再加入混匀的液体材料揉至呈光滑面团。
b. 最后加入 B 组材料，搅拌均匀即可。

压延

3. 以擀面棍擀折 3 折 3 次，擀成均匀光亮面片，再卷成 35cm 长条。

分割整形

4. 面团分割为 7 个，详见第 95 页圆形馒头整形手法。

发酵

5. 整形完毕，放在裁好的烘焙纸上，直接放入蒸笼以室温（或使用烤箱 / 发酵箱）发酵，取 20 ~ 30g 面团搓圆放入水中测试发酵状态，最后发酵 20 ~ 30 分钟。

蒸制

6. 蒸锅水预先煮滚，将发酵好的面团入蒸笼以大火蒸 15 分钟即可。

40 火龙果洛神花馒头

材料 Ingredients　　份量 6 个

		百分比	重量 /g
A	中筋面粉	100	300
	细砂糖	11	33
	盐	0.5	1.5
	鲜酵母	2	6
	鲜奶	18	54
	油	1.5	4.5
	低温老面	20	60
	红心火龙果	30	90
B	洛神花	10	30
A+B	合计	193	579

做法 Methods　　手揉搅拌 + 手擀

前置
1. a. 红心火龙果去皮，可以不用果汁机打碎，直接加入搅拌。
   b. 参见第 16 页备妥低温老面。

搅拌
2. a. 细砂糖与鲜奶充分拌匀；钢盆内放入 A 组其他材料，倒入混匀的液体材料揉至呈光滑面团。
   b. 加入洛神花搅拌均匀即可。
   ★ 因为洛神花带有酸味，提早放入面团搅拌会破坏面团筋性，抑制发酵。

压延
3. 沾取适量手粉，以擀面棍擀折 3 折 3 次，擀成均匀光亮面片。

分割整形
4. 详见第 96 页刀切馒头整形手法，将面片卷成 30cm 长条，分割为 6 个。

发酵
5. 整形完毕放在裁好的烘焙纸上，直接放入蒸笼以室温（或使用烤箱 / 发酵箱）发酵，取 20 ~ 30g 面团搓圆放入水中测试发酵状态，最后发酵 20 ~ 30 分钟。

蒸制
6. 蒸锅水预先煮滚，将发酵好的面团入蒸笼以大火蒸 15 分钟即可。

41 桂花酿馒头

材料 Ingredients

份量 7 个

		百分比	重量 /g
A	中筋面粉	100	300
	细砂糖	14	42
	盐	0.5	1.5
	鲜酵母	1.5	4.5
	鲜奶	34	102
	低温老面	80	240
	油	3	9
	干燥桂花	2	6
	桂花酿	15	45
	合计	250	750

		百分比	重量 /g
B	耐热巧克力碎	20	60
A+B	合计	270	810

做法 Methods

手揉搅拌 + 手擀

前置 1. 参见第 16 页备妥低温老面。

搅拌 2. 细砂糖与鲜奶充分拌匀；钢盆内放入 A 组其他材料，再加入混匀的液体材料揉至呈光滑面团。

压延 3. 以擀面棍擀折 3 折 3 次，擀成均匀光亮面片，放入耐热巧克力碎铺平压紧，再卷成 35cm 长条。

分割整形 4. 面团分割为 7 个，详见第 95 页圆形馒头整形手法。

发酵 5. 整形完毕放在裁好的烘焙纸上，直接放入蒸笼以室温（或使用烤箱 / 发酵箱）发酵，取 20 ~ 30g 面团搓圆放入水中测试发酵状态，最后发酵 20 ~ 30 分钟。

蒸制 6. 蒸锅水预先煮滚，将发酵好的面团入蒸笼以大火蒸 15 分钟即可。

42

红梨荔香馒头

材料 Ingredients

份量 7 个

		百分比	重量 /g
A	中筋面粉	80	240
	全麦粉	20	60
	细砂糖	14	42
	盐	0.5	1.5
	鲜酵母	1.5	4.5
	鲜奶	38	114
	低温老面	60	180
	油	3	9
	红藜麦	3	9
	红曲粉	0.33	1
	泡水枸杞	2	6
	合计	222.33	667

		百分比	重量 /g
B	荔枝干	15	45
A+B	合计	237.33	712

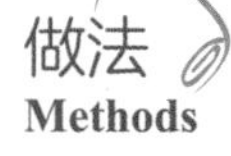

做法 Methods

手揉搅拌 + 手擀

前置

1. a. 荔枝干切碎备用。
   b. 红藜麦先用活水淘洗，再泡水 4 小时，沥干备用。
   c. 参见第 16 页备妥低温老面。

搅拌

2. a. 细砂糖与鲜奶充分拌匀；钢盆内放入 A 组其他材料，再加入混匀的液体材料搅拌或揉至呈光滑面团。
   b. 最后加入 B 组材料，搅拌均匀即可。

压延

3. 以擀面棍擀折 3 折 3 次，擀成均匀光亮面片，再卷成 35cm 长条。

分割整形

4. 面团分割为 7 个，详见第 95 页圆形馒头整形手法。

发酵

5. 整形完毕放在裁好的烘焙纸上，直接放入蒸笼以室温（或使用烤箱 / 发酵箱）发酵，取 20 ~ 30g 面团搓圆放入水中测试发酵状态，最后发酵 20 ~ 30 分钟。

蒸制

6. 蒸锅水预先煮滚，将发酵好的面团入蒸笼以大火蒸 15 分钟即可。

43
橘
香芒果馒头

材料 Ingredients

份量 7 个

		百分比	重量 /g
A	中筋面粉	100	300
	细砂糖	11	33
	蛋黄	5	15
	盐	0.5	1.5
	鲜酵母	2	6
	柳橙汁	44	132
	油	2	6
	低温老面	20	60
	合计	184.5	553.5

		百分比	重量 /g
B	芒果干	17	51
	橘皮丁	17	51
A+B	合计	218.5	655.5

做法 Methods

手揉搅拌 + 手擀

前置

1. a. 芒果干切碎备用。
   b. 参见第 16 页备妥低温老面。

搅拌

2. a. 细砂糖与柳橙汁充分拌匀；钢盆内放入 A 组其他材料，再加入混匀的液体材料搅拌或揉至呈光滑面团。
   b. 最后加入 B 组材料，搅拌均匀即可。

压延

3. 以擀面棍擀折 3 折 3 次，擀成均匀光亮面片。

分割 整形

4. 详见第 96 页刀切馒头整形手法，将面片卷成 35cm 长条，分割为 7 个。

发酵

5. 整形完毕放在裁好的烘焙纸上，直接放入蒸笼以室温（或使用烤箱 / 发酵箱）发酵，取 20 ~ 30g 面团搓圆放入水中测试发酵状态，最后发酵 20 ~ 30 分钟。

蒸制

6. 蒸锅水预先煮滚，将发酵好的面团入蒸笼以大火蒸 15 分钟即可。

44 龙凤馒头

材料
Ingredients

份量 7 个

		百分比	重量 /g
A	中筋面粉	100	300
	细砂糖	5	15
	黑糖	7	21
	盐	0.5	1.5
	鲜酵母	2	6
	鲜奶	46	138
	油	1.5	4.5
	低温老面	20	60
	合计	182	546

		百分比	重量 /g
B	凤梨干	17	51
	龙眼干	17	51
A+B	合计	216	648

做法
Methods

手揉搅拌 + 手擀

前置

1. a. 龙眼干、凤梨干切碎备用。
   b. 参见第 16 页备妥低温老面。

搅拌

2. a. 细砂糖与鲜奶充分拌匀；钢盆内放入 A 组其他材料，再加入混匀的液体材料搅拌或揉至呈光滑面团。
   b. 最后拌入龙眼干，搅拌均匀即可。
   ★ 凤梨干不要放入面团中搅拌，面团擀折后再均匀地铺在面片上，卷起分割，因为凤梨的酵素会破坏且分解面筋，使面团无法正常发酵。

压延

3. 以擀面棍擀折 3 折 3 次，擀成均匀光亮面片，撒上凤梨干。

分割整形

4. 详见第 96 页刀切馒头整形手法，将面片卷成 35cm 长条，分割为 7 个。

发酵

5. 整形完毕放在裁好的烘焙纸上，直接放入蒸笼以室温（或使用烤箱 / 发酵箱）发酵，取 20 ~ 30g 面团搓圆放入水中测试发酵状态，最后发酵 20 ~ 30 分钟。

蒸制

6. 蒸锅水预先煮滚，将发酵好的面团入蒸笼以大火蒸 15 分钟即可。

45 咖啡亚麻籽馒头

材料 Ingredients　份量 6 个

		百分比	重量 /g
A	中筋面粉	90	270
	全麦粉	10	30
	细砂糖	11	33
	盐	0.5	1.5
	鲜酵母	2	6
	鲜奶	46	138
	油	1.5	4.5
	低温老面	20	60
	咖啡粉	5	15
	合计	186	558

		百分比	重量 /g
B	亚麻籽	15	45
	奇亚籽	15	45
A+B	合计	216	648

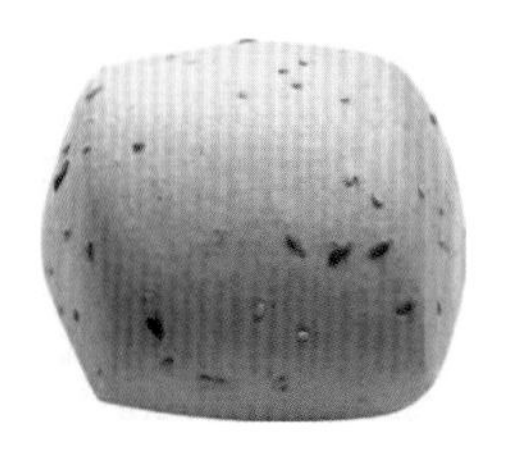

做法 Methods

手揉搅拌 + 手擀

前置	1. 参见第 16 页备妥低温老面。
搅拌	2. a. 细砂糖、咖啡粉与鲜奶充分拌匀；钢盆内放入 A 组其他材料，加入混匀的液体材料揉至呈光滑面团。 b. 最后均匀拌入 B 组材料。
压延	3. 以擀面棍擀折 3 折 3 次，擀成均匀光亮面片。
分割整形	4. 详见第 96 页刀切馒头整形手法，将面片卷成 30cm 长条，分割为 6 个。
发酵	5. 整形完毕放在裁好的烘焙纸上，直接放入蒸笼以室温（或使用烤箱 / 发酵箱）发酵，取 20 ~ 30g 面团搓圆放入水中测试发酵状态，最后发酵 20 ~ 30 分钟。
蒸制	6. 蒸锅水预先煮滚，将发酵好的面团入蒸笼以大火蒸 15 分钟即可。

46
很虾馒头

材料 Ingredients

份量 6 个

		百分比	重量 /g
A	中筋面粉	100	300
	细砂糖	11	33
	鲣鱼酱油	3	9
	鲜酵母	2	6
	鲜奶	46	138
	油	1.5	4.5
	低温老面	20	60
	合计	183.5	550.5

		百分比	重量 /g
B	虾米	0.33	10
	油葱酥	0.33	10
	沙茶酱	0.33	10
A+B	合计	184.49	580.5

做法 Methods

手揉搅拌 + 手擀

前置

1. a. 虾米与油葱酥磨细备用。
   b. 参见第 16 页备妥低温老面。

搅拌

2. 细砂糖与鲜奶充分拌匀；钢盆内放入 A 组其他材料与 B 组材料，加入混匀的液体材料揉至呈光滑面团。

压延

3. 以擀面棍擀折 3 折 3 次，擀成均匀光亮面片。

分割整形

4. 详见第 96 页刀切馒头整形手法，将面片卷成 30cm 长条，分割为 6 个。

发酵

5. 整形完毕放在裁好的烘焙纸上，直接放入蒸笼以室温（或使用烤箱 / 发酵箱）发酵，取 20 ~ 30g 面团搓圆放入水中测试发酵状态，最后发酵 20 ~ 30 分钟。

蒸制

6. 蒸锅水预先煮滚，将发酵好的面团入蒸笼以大火蒸 15 分钟即可。

47 双枣黑糖馒头

材料 Ingredients　份量6个

		百分比	重量/g
主面团	黑糖	18	54
	鲜奶	50	150
	即溶酵母粉	1.5	4.5
	中筋面粉	100	300
	油	2	6
	合计	171.5	514.5
中种面团	低筋面粉	10	50
	鲜奶	5	25
	即溶酵母粉	0.3	1.5
	黑糖	1	5
	合计	16.3	81.5

		百分比	重量/g
C	红枣	5	26
	黑枣	5	26

做法 Methods　手揉搅拌 + 手擀

前置	1. a. 黑枣与红枣切碎备用。 b. 详见第 19 页手法备妥中种面团。
搅拌	2. 黑糖与鲜奶充分拌匀；钢盆内放入主面团其他材料、备妥的中种面团，加入混匀的液体材料揉至呈光滑面团，最后加入 C 组材料搅拌均匀即可。 ★ 若调高红枣与黑枣的用量，馒头的口感会更丰富。
压延	3. 以擀面棍擀折 3 折 3 次，擀成均匀光亮面片。
分割整形	4. 详见第 96 页刀切馒头整形手法，将面片卷成 30cm 长条，分割为 6 个。
发酵	5. 整形完毕放在裁好的烘焙纸上，直接放入蒸笼以室温（或使用烤箱 / 发酵箱）发酵，取 20 ~ 30g 面团搓圆放入水中测试发酵状态，最后发酵 20 ~ 30 分钟。
蒸制	6. 蒸锅水预先煮滚，将发酵好的面团入蒸笼以大火蒸 15 分钟即可。

48 全麦胚芽馒头

材料 Ingredients

份量 6 个

		百分比	重量 /g
主面团 A	鲜奶	50	150
	细砂糖	7	21
	黑糖	5	15
	中筋面粉	80	240
	全粒麦粉	15	45
	杂粮粉	5	15
	鲜酵母	3	9
	油	2	6
	小麦胚芽粉	3	9
	合计	170	510

		百分比	重量 /g
主面团 B	亚麻籽	3	9
	奇亚籽	3	9
	核桃	10	30
A+B	合计	186	558
中种面团	中筋面粉	100	100
	鲜酵母	1	1
	细砂糖	10	10
	鲜奶	50	50

做法 Methods

手揉搅拌 + 手擀

前置

1. a. 核桃以上火 160℃ / 下火 150℃，烘烤 15 分钟，冷却备用。
b. 将中种面团拌匀后以保鲜膜封起，室温发酵 60 分钟备用。

搅拌

2. 细砂糖与鲜奶充分拌匀；钢盆内放入主面团 A 其他材料，加入前置完成的中种面团，倒入混匀的液体材料揉至呈光滑面团，最后加入主面团 B 材料搅拌均匀即可。

压延

3. 以擀面棍擀折 3 折 3 次，擀成均匀光亮面片。

分割整形

4. 详见第 96 页刀切馒头整形手法，将面片卷成 30cm 长条，分割为 6 个。

发酵

5. 整形完毕放在裁好的烘焙纸上，直接放入蒸笼以室温（或使用烤箱 / 发酵箱）发酵，取 20 ~ 30g 面团搓圆放入水中测试发酵状态，最后发酵 20 ~ 30 分钟。

蒸制

6. 蒸锅水预先煮滚，将发酵好的面团入蒸笼以大火蒸 15 分钟即可。

49 紫米馒头

材料 Ingredients

份量 6 个

		百分比	重量 /g
主面团 A	中筋面粉	100	300
	鲜奶	50	150
	鲜酵母	3	9
	细砂糖	10	30
	油	1.5	4.5
	紫薯粉	5	15
	盐	0.5	1.5
主面团 B	熟紫米	10	30
A+B	合计	180	540

		百分比	重量 /g
中种面团	中筋面粉	100	100
	鲜酵母	1	1
	细砂糖	10	10
	鲜奶	50	50
	紫薯粉	1.6	5

做法 Methods

手揉搅拌 + 手擀

前置

1. a. 紫米预先煮熟。
b. 中种面团拌匀后以保鲜膜封起，室温发酵 60 分钟备用。

搅拌

2. 细砂糖与鲜奶充分拌匀；钢盆内放入主面团 A 其他材料、前置完成的中种面团，倒入混匀的液体材料揉至呈光滑面团，最后加入主面团 B 材料搅拌均匀即可。

压延

3. 以擀面棍擀折 3 折 3 次，擀成均匀光亮面片，再卷成 30cm 长条。

分割整形

4. 面团分割为 6 个，详见第 95 页圆形馒头整形手法。

发酵

5. 整形完毕放在裁好的烘焙纸上，直接放入蒸笼以室温（或使用烤箱 / 发酵箱）发酵，取 20 ~ 30g 面团搓圆放入水中测试发酵状态，最后发酵 20 ~ 30 分钟。

蒸制

6. 蒸锅水预先煮滚，将发酵好的面团入蒸笼以大火蒸 15 分钟即可。

50 黑噜噜馒头

材料 Ingredients　份量 6 个

		百分比	重量 /g
面团	中筋面粉	100	300
	细砂糖	11	33
	盐	0.5	1.5
	鲜酵母	2	6
	鲜奶	46	138
	油	1.5	4.5
	低温老面	20	60
	竹炭粉	1.5	4.5
	黑芝麻粒	5	15
	合计	187.5	562.5

		重量 /g
馅料	高温乳酪丁	150

做法 Methods　手揉搅拌 + 手擀

前置 1. 参见第 16 页备妥低温老面。

搅拌 2. 细砂糖与鲜奶充分拌匀；钢盆内放入面团其他材料，再加入混匀的液体材料揉至呈光滑面团。

压延 3. 以擀面棍擀折 3 折 3 次，擀成均匀光亮面片，铺上高温乳酪丁，再卷成 30cm 长条。

分割整形 4. 面团分割为 6 个，详见第 95 页圆形馒头整形手法。

发酵 5. 整形完毕放在裁好的烘焙纸上，直接放入蒸笼以室温（或使用烤箱 / 发酵箱）发酵，取 20 ~ 30g 面团搓圆放入水中测试发酵状态，最后发酵 20 ~ 30 分钟。

蒸制 6. 蒸锅水预先煮滚，将发酵好的面团入蒸笼以大火蒸 15 分钟即可。

51 蝶豆花馒头

材料 Ingredients

份量 6 个

		百分比	重量 /g
面团	中筋面粉	100	300
	细砂糖	11	33
	盐	0.5	1.5
	鲜酵母	2	6
	鲜奶	45	135
	油	1.5	4.5
	蝶豆花粉	2	6
	低温老面	20	60
	合计	182	546

做法 Methods

手揉搅拌 + 手擀

前置

1. 参见 16 页备妥低温老面。

搅拌

2. 细砂糖、蝶豆花粉加入鲜奶充分拌匀；钢盆内放入面团其他材料，倒入混匀的液体材料揉至呈光滑面团。

★ 蝶豆花粉不能直接揉入面团，须先加入液体中还原。

压延

3. 以擀面棍擀折 3 折 3 次，擀成均匀光亮面片，再卷成 30cm 长条。

分割整形

4. 面团分割为 6 个，详见第 95 页圆形馒头整形手法。

发酵

5. 整形完毕放在裁好的烘焙纸上，直接放入蒸笼以室温（或使用烤箱 / 发酵箱）发酵，取 20 ~ 30g 面团搓圆放入水中测试发酵状态，最后发酵 20 ~ 30 分钟。

蒸制

6. 蒸锅水预先煮滚，将发酵好的面团入蒸笼以大火蒸 15 分钟即可。

充满趣味的创意馒头

52 玫瑰花馒头

材料 Ingredients　份量 6 个

		百分比	重量 /g
面团	中筋面粉	100	300
	即溶酵母粉	1	3
	鲜奶	50	150
	细砂糖	10	30
	油	1.5	4.5
	盐	0.5	1.5
	合计	163	489

		百分比	重量 /g
调色	红曲粉	1.5	4
	姜黄粉	1	3
	蝶豆花粉	2	6
	紫薯粉	5	15
	抹茶粉	2	6
	可可粉	4	12

★ 表格为 300g 面粉的色粉用量。

手揉搅拌 + 手擀

搅拌	1. 细砂糖与鲜奶充分拌匀；钢盆内放入面团其他材料与喜爱的调色粉，倒入混匀的液体材料揉至呈光滑面团。
压延	2. 面团擀折 3 折 3 次，擀成 45cm 长的均匀光亮面片。
分割	3. 面片卷起成长条状，平均分割为 18 个面团。（图 1）
擀圆	4. 面团切面朝上，用手掌轻轻压扁，取擀面棍擀开，擀成外围薄中间厚的圆形面皮。取 3 个 10g 的面团，擀开卷起做成蕊心。（图 2 ~图 4）
整形	5. a. 取 6 个面片，每片间距相等，重叠处抹上水依序排列，放上蕊心，从己侧向前卷起，在收口处也要抹上一些水以便贴合。（图 5 ~图 10） b. 大拇指与食指掐入面团中心，切开即成两朵玫瑰花，翻正，稍微将花瓣拨开。（图 11 ~图 16）
发酵	6. 收口朝下放在裁好的烘焙纸上，直接放入蒸笼以室温（或使用烤箱 / 发酵箱）发酵，取 20 ~ 30g 面团搓圆放入水中测试发酵状态，最后发酵大约 20 分钟。
蒸制	7. 蒸锅水预先煮滚，将发酵好的面团入蒸笼以大火蒸 12 分钟即可。

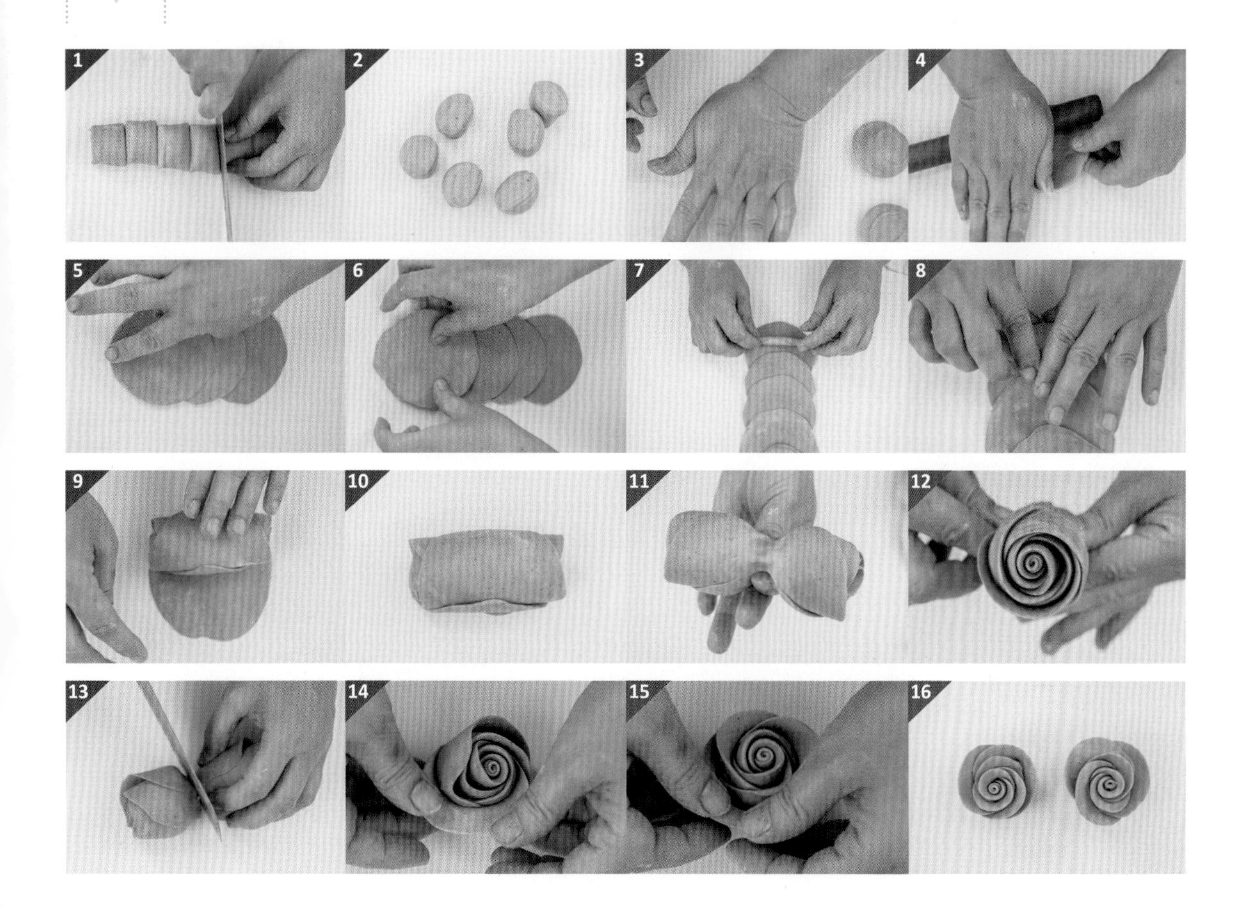

53

大理石馒头

材料 Ingredients

份量 6 个

		百分比	重量 /g
面团	中筋面粉	100	300
	即溶酵母粉	1	3
	鲜奶	46	138
	细砂糖	11	33
	油	1.5	4.5
	低温老面	20	60
	盐	0.5	1.5
	合计	180	540

		重量 /g
调色	可可粉	6

做法 Methods

手揉搅拌 + 手擀

前置 1. 详见第 16 页备妥低温老面。

搅拌 2. 细砂糖、即溶酵母粉分别与部分鲜奶充分拌匀；钢盆内放入面团其他材料，倒入混匀的液体材料揉至呈光滑面团。

压延 3. 面团二等分，一份染色，一份维持原始白色，分别擀折 3 折 3 次，擀成均匀光亮面片。

分割整形 4. 咖啡色、白色面团分别切成条状，随意地将双色面团混合，以擀面棍擀开，右手于上方压着面团，左手取面团往后方、下方收入面团底部，基本不动的右手会一直压着平滑面，慢慢地平滑面会增多，越来越多面团被收往下方，重复此动作至面团成为光滑圆球。（图 1 ~图 8）

发酵 5. 收口朝下放在裁好的烘焙纸上，直接放入蒸笼以室温（或使用烤箱 / 发酵箱）发酵，取 20 ~ 30g 面团搓圆放入水中测试发酵状态，最后发酵大约 20 分钟。

蒸制 6. 蒸锅水预先煮滚，将发酵好的面团入蒸笼以大火蒸 15 分钟即可。

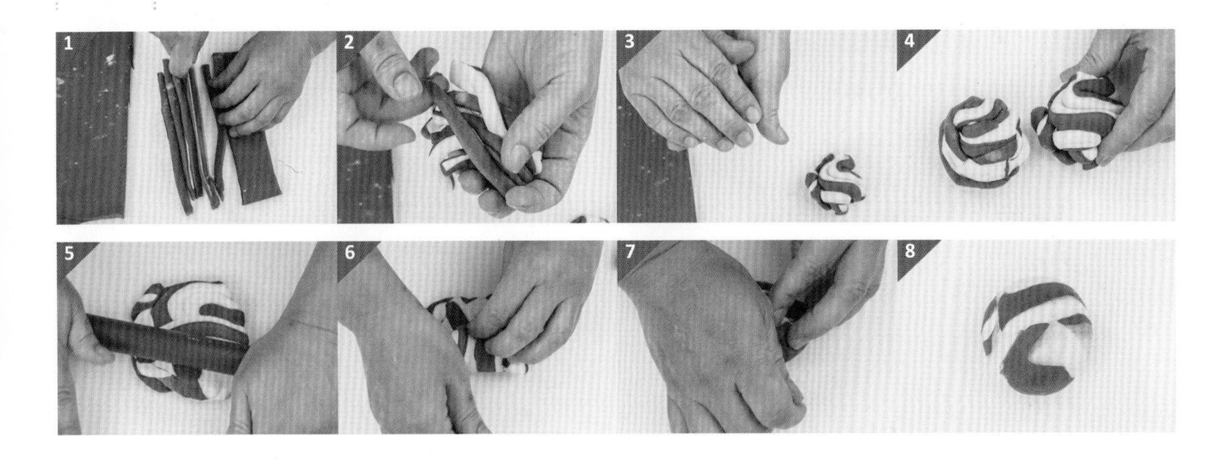

54 小玉与花莲之西瓜馒头

材料 Ingredients　份量 6 个

		百分比	重量 /g
面团	中筋面粉	100	300
	即溶酵母粉	1	3
	鲜奶	50	150
	细砂糖	10	30
	油	1.5	4.5
	盐	0.5	1.5
	合计	163	489

		重量 /g
面皮调色	抹茶粉	3
果肉调色	姜黄粉 （或红曲粉 3g）	2
	熟黑芝麻	10
上色	竹炭粉	1
	抹茶粉	1
	水	适量

做法 Methods 手揉搅拌 + 手擀

搅拌 1. 细砂糖与鲜奶充分拌匀；钢盆内放入面团其他材料，倒入混匀的液体材料揉至呈光滑面团。

压延 2. 面团分成 120g、120g、180g 三份；120g 的面团一份加入抹茶粉染色，一份维持原始白色；180g 的果肉面团，与熟黑芝麻、姜黄粉（或红曲粉）混匀；三个面团分别擀折 3 折 3 次，擀成均匀光亮面片。

分割 3. 将每种颜色的面片都卷成长条状，白色分割为每个 20g，共 6 个，西瓜皮绿色分割为每个 20g，共 6 个，果肉黄色分割为每个 30g，共 6 个，分别滚圆，亮面朝上放置。

擀圆 4. 手掌轻轻压扁面团，将白色与绿色面片重叠，擀成直径约 10cm 的圆片。

整形 5. 绿色面皮朝外，包入黄色（或红色）果肉面团，收紧成圆团。取适量竹炭粉、抹茶粉调水，绘制西瓜线条。利用模型压出叶子形状，放在中心点装饰。另外将搓长的绿色面团缠绕在竹签上做成瓜蒂，放在圆形西瓜上点缀，再以竹签固定。可以将西瓜做成圆形或椭圆形。（图 1 ~图 12）

发酵 6. 装饰朝上放在裁好的烘焙纸上，直接放入蒸笼以室温（或使用烤箱 / 发酵箱）发酵，取 20 ~ 30g 面团搓圆放入水中测试发酵状态，最后发酵大约 20 分钟。

蒸制 7. 蒸锅水预先煮滚，将发酵好的面团入蒸笼以大火蒸 12 分钟即可。

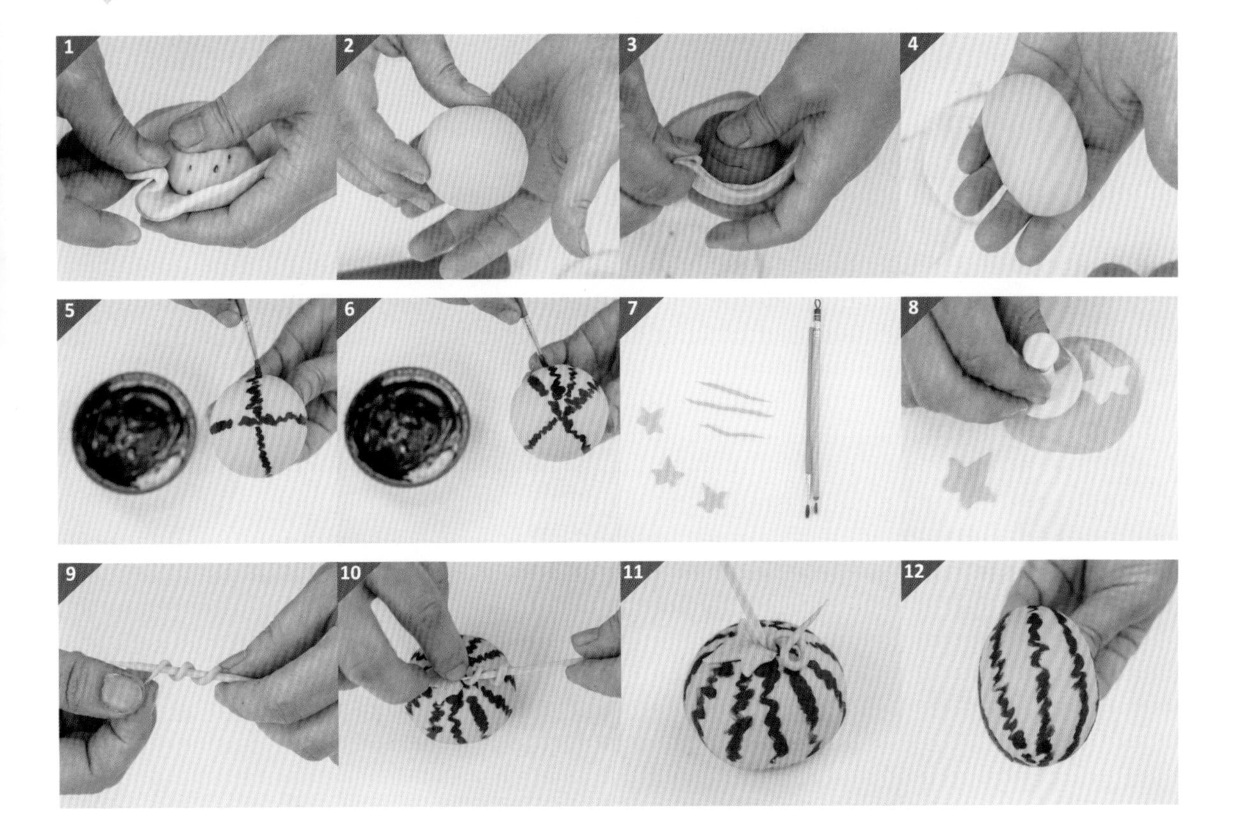

55 双色木纹芝士馒头

影片示范

材料 Ingredients

份量 5 个

		百分比	重量 /g
面团	中筋面粉	100	300
	即溶酵母粉	1	3
	鲜奶	46	138
	细砂糖	11	33
	油	1.5	4.5
	低温老面	20	60
	盐	0.5	1.5
	合计	180	540

		重量 /g
调色	抹茶粉	3
馅料	芝士片	5 片

做法 Methods 手揉搅拌 + 手擀

前置	1. 详见第 16 页备妥低温老面。
搅拌	2. 细砂糖与鲜奶充分拌匀；钢盆内放入面团其他材料，倒入混匀的液体材料揉至呈光滑面团。
压延	3. 面团二等分，一份染色、一份维持原始白色，分别擀折 3 折 3 次，擀成均匀光亮面片。
分割	4. 将面片卷成长条状，分割为每个 50g，共 5 个白色、5 个绿色面团，滚圆，亮面朝上放置。
擀圆	5. 手掌轻轻压扁面团，稍微擀开，将双色面片重叠，擀开至长度约 20cm；手掌从底部往前推卷成水平长条；用擀面棍轻压；左右对折；前端留 1.5 cm（不切断），横切一刀；打开面团。（图 1 ～图 6）
中发	6. 在面团表面盖上布巾或外围倒扣钢盆，中间发酵 5 ～ 10 分钟。
整形	7. 中发后的面团比较柔软，较好整形，将面团擀成水滴状，长约 20cm，铺上对半切的芝士片，从上往下卷起，将尾端擀薄，在收口处抹水，卷起黏合。（图 7 ～图 12）
后发	8. 收口朝下放在裁好的烘焙纸上，直接放入蒸笼以室温（或使用烤箱 / 发酵箱）发酵，取 20 ～ 30g 面团搓圆放入水中测试发酵状态，最后发酵 20 ～ 30 分钟。
蒸制	9. 蒸锅水预先煮滚，将发酵好的面团入蒸笼以大火蒸 15 分钟即可。

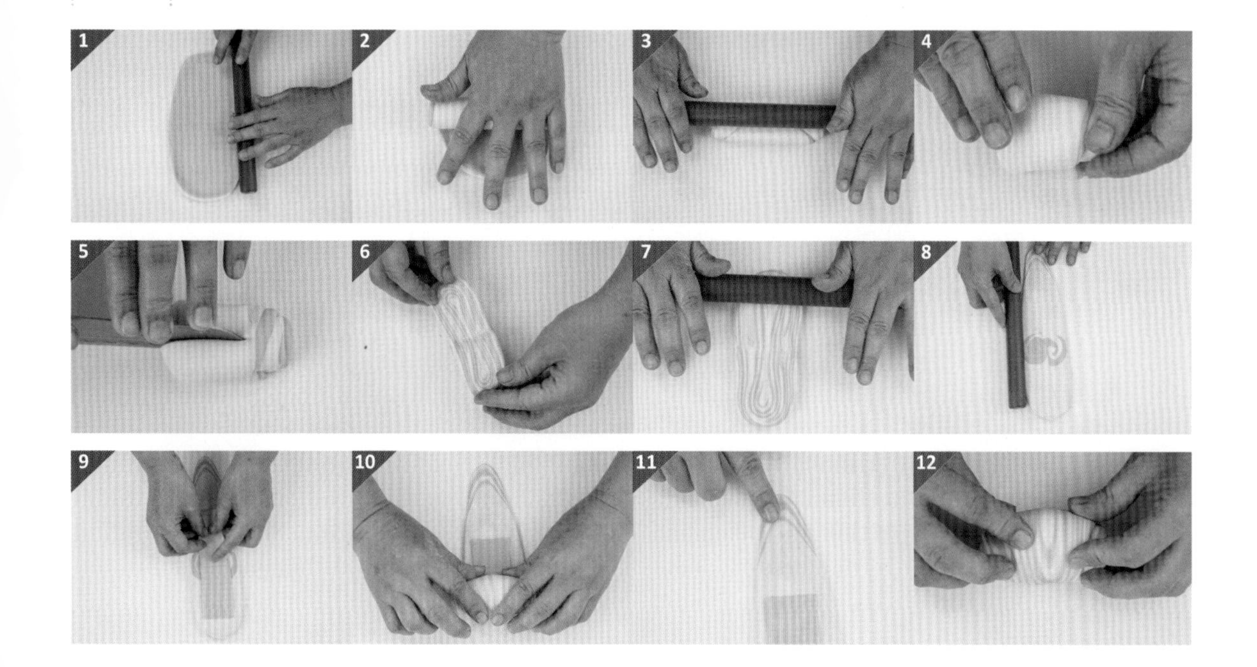

56 手揉搅拌 + 手擀

蝶豆菊花造型馒头

份量 6 个

		百分比	重量 /g
面团	中筋面粉	100	300
	即溶酵母粉	1	3
	鲜奶	50	150
	细砂糖	10	30
	油	1.5	4.5
	盐	0.5	1.5
	合计	163	489
调色	蝶豆花粉	1	3

前置　1. 蝶豆花粉与水 1∶3 混合均匀备用。

搅拌　2. 细砂糖、即溶酵母粉分别与部分鲜奶充分拌匀；钢盆内放入面团其他材料，倒入混匀的液体材料揉至呈光滑面团。

压延　3. 将面团两等分，一份染色、一份维持原始白色，擀折 3 折 3 次，擀成均匀光亮面片，面片卷成约 50cm 长条。

分割　4. 将面团分割成 6 个 15g 的白色面团，6 个 15g 的蓝色面团，6 个 20g 的白色面团，6 个 20g 的蓝色面团，分别滚圆，亮面朝上放置；剩余面团用模具做成装饰的小花。

擀圆　5. a. 手掌轻轻压扁面团，将 20g 蓝白面团分别擀开，重叠，再一同擀开成直径 12cm 的圆片。
b. 手掌轻轻压扁面团，将 15g 蓝色面团擀成直径 8cm 的圆形面皮，放上 15g 白色面团包成圆形。（图 1）
c. 将步骤 a 面皮包入步骤 b 圆形面团。（图 2 ~图 3）

整形　6. a. 手掌轻轻压扁面团，压成直径约 10cm 的圆片，用圆形花嘴在面皮中心轻压定位。（图 4 ~图 6）
b. 参考第 143 页“8 瓣菊”、第 144 页“10 瓣菊”、第 145 页“12 瓣菊”、第 146 页“16 瓣菊——内翻”、第 147 页“16 瓣菊——外翻”整形手法，选择喜欢的样式制作。

后发　7. 收口朝下放在裁好的烘焙纸上，直接放入蒸笼以室温（或使用烤箱 / 发酵箱）发酵，取 20 ~ 30g 面团搓圆放入水中测试发酵状态，最后发酵 15 ~ 20 分钟。

蒸制　8. 蒸锅水预先煮滚，将发酵好的面团入蒸笼以大火蒸 12 分钟即可。

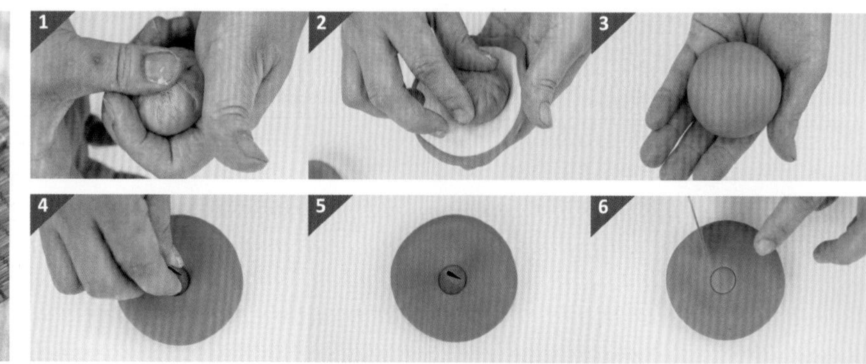

“8 瓣菊”整形解析

1. 切 8 瓣。

2. 将每两个花瓣外翻成爱心形状。

3. 翻第二对。

4. 翻第三对。

5. 翻第四对。

6. 模具压出花朵。

7. 中心点沾清水，放上花朵。

8. 整形完毕的四个爱心像极了幸运草。

9. 将工具戳入花朵中心。

10. 稍微拨开被工具压下的花朵。

11. 放上搓圆的蓝色面团当蕊心。

12. 完成。

“10 瓣菊”整形解析

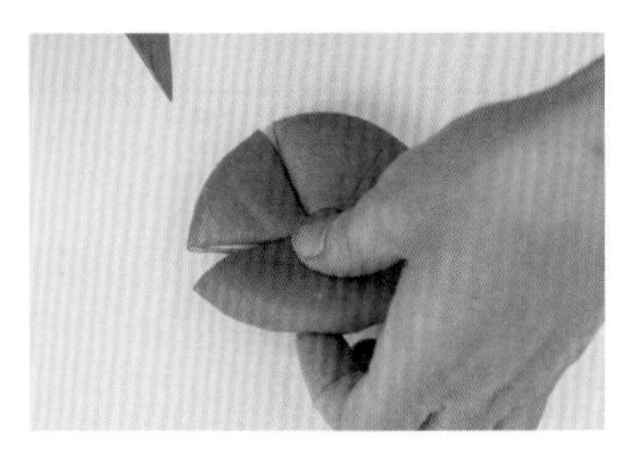

1. 在面团上做出五等分的记号。

2. 切五等分。

3. 在每一份中再二等分。

4. 将两个花瓣外翻成爱心形状，用指腹捏紧。

5. 捏好第二对。

6. 两两成对捏合。

7. 用指腹捏紧第三对。

8. 用指腹捏紧第四对。

9. 用指腹捏紧第五对。

10. 如图。

11. 中心点沾水，放上模具压出的小白花。

12. 将工具戳入花朵中心。

13. 戳好并拨平小花。

14. 花朵中心沾水，放上搓圆的蓝色面团。

15. 完成。

“12 瓣菊”整形解析

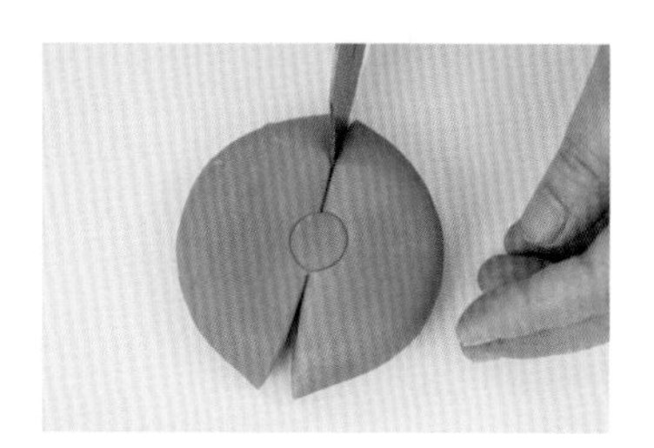

1. 切二等分。

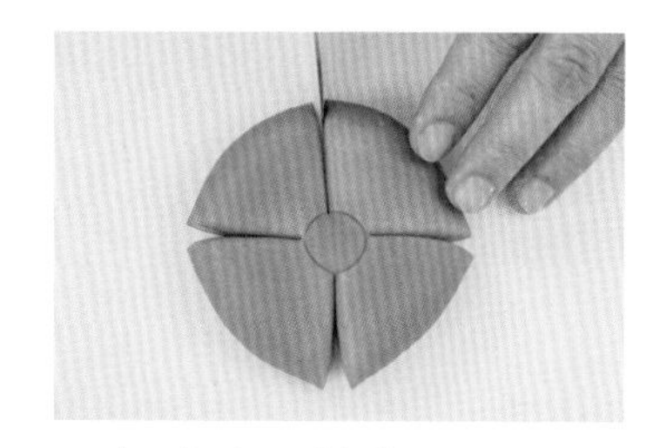

2. 切十字四等分。

3. 将每一份再切两刀，得 3 片花瓣。

4. 四等分切完即可得到 12 片花瓣。

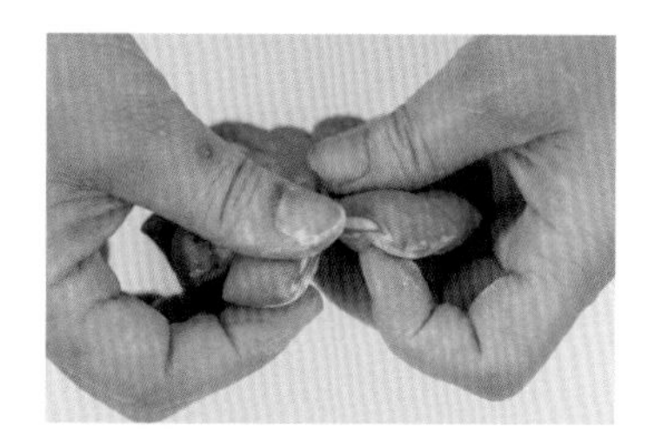

5. 将面团翻正。

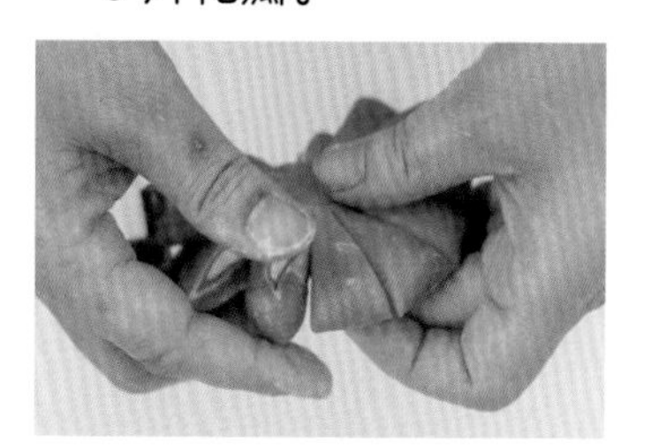

6. 朝同一方向翻。

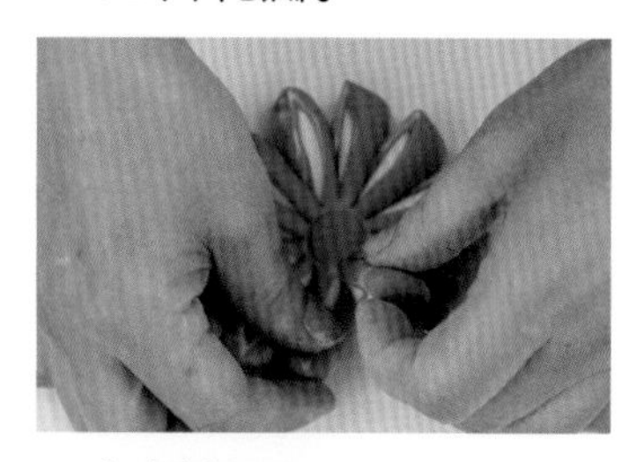

7. 每瓣都翻正。

8. 如图。

9. 轻压面团调整。

10. 用指腹捏出花瓣尖。

11. 逐一捏紧。

12. 將所有花瓣尖捏完。

13. 中心点沾水，放上模具压出的小白花，将工具压入小白花中心。

14. 戳好并拨平小花。

15. 中心点上适量清水，放上搓圆的面团。

“16 瓣菊——内翻”整形解析

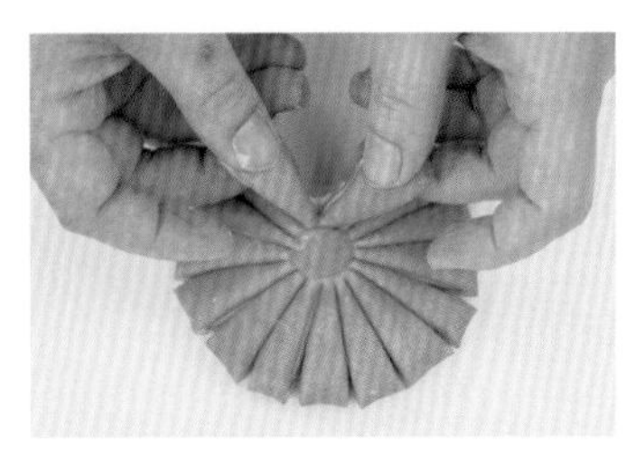

1. 切十字四等分，每份再切三刀，得 16 片花瓣，取一对花瓣朝内转一圈。

2. 转第二圈。

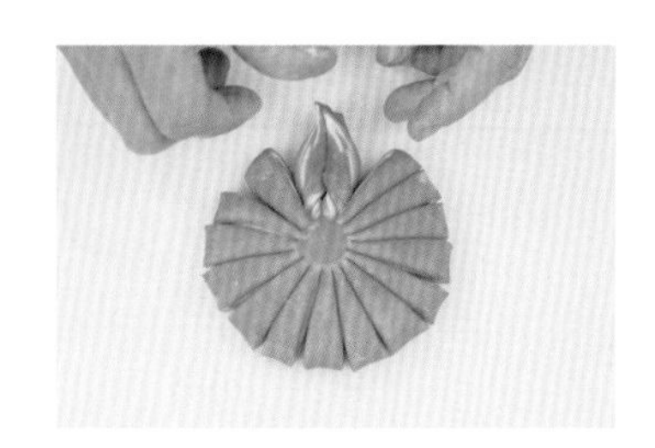

3. 捏紧尖端。

4. 两两成对，取第二对花瓣朝内转一圈。

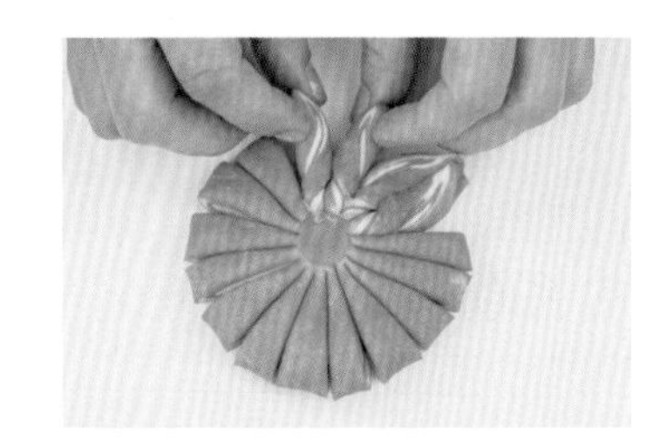

5. 转第二圈，捏紧尖端。

6. 第三对花瓣朝内转两圈，捏紧尖端。

7. 依序完成八对花瓣朝内转两圈、捏紧尖端的操作。

8. 重复捏紧尖端一次，调整花瓣的形状。

9. 中心点沾水，放上模具压出的小白花。

10. 将工具戳入花朵中心。

11. 点上适量清水，放上搓圆的面团。

12. 完成。

“16 瓣菊——外翻”整形解析

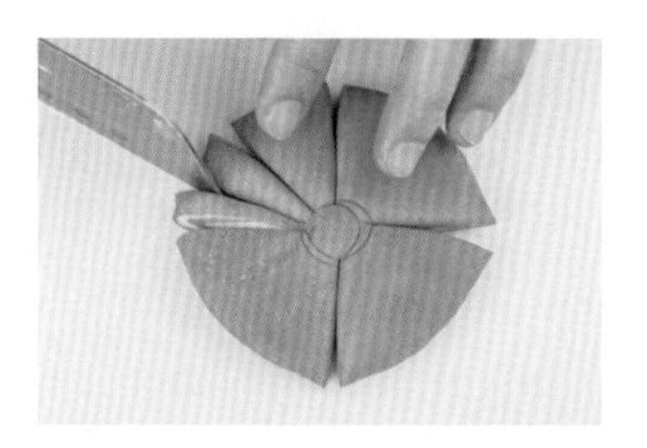

1. 切十字四等分，每份再切三刀。

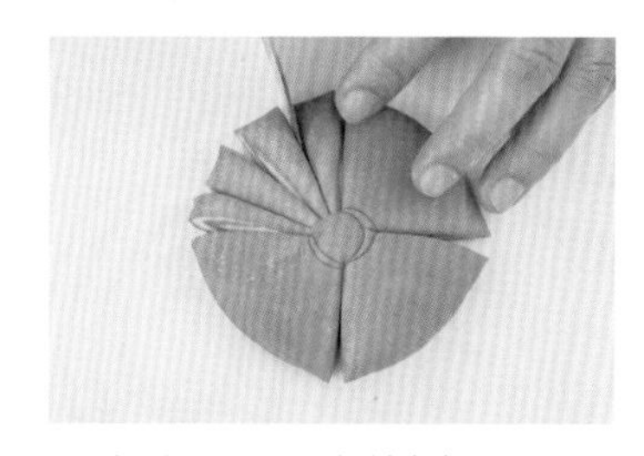

2. 每份得 4 片花瓣。

3. 两份得 8 片花瓣。

4. 依序切完四份。

5. 花瓣两两成对，朝外转一圈。

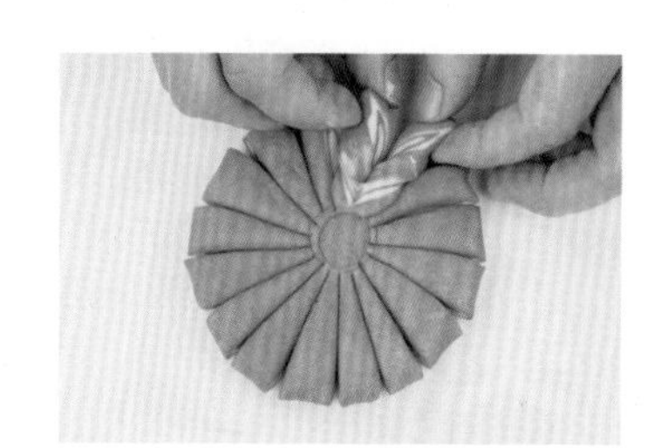

6. 共转两圈，捏紧尖端。

7. 取第二对花瓣朝外转两圈，捏紧尖端。

8. 取第三对花瓣朝外转两圈，捏紧尖端。

9. 取第四对花瓣朝外转两圈，捏紧尖端。

10. 取第五对花瓣朝外转两圈，捏紧尖端。

11. 取第八对花瓣朝外转两圈，捏紧尖端。

12. 两两捏紧尖端。

13. 中心点沾水，放上模具压出的小白花。

14. 将工具戳入花朵中心。

15. 花朵中心点上适量清水，放上搓圆的面团。

57 事事如意馒头

材料 Ingredients　份量 6 个

		百分比	重量 /g
面团	中筋面粉	100	300
	即溶酵母粉	1	3
	鲜奶	46	138
	细砂糖	11	33
	油	1.5	4.5
	低温老面	20	60
	盐	0.5	1.5
	合计	180	540

		重量 /g
调色	可可粉	6

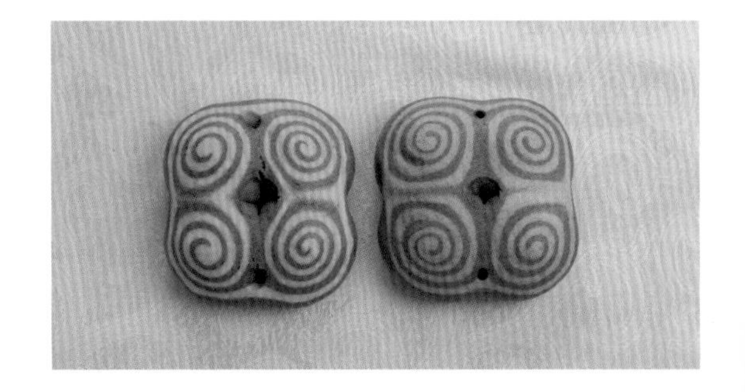

做法 Methods

手揉搅拌 + 手擀

前置 1. 详见第 16 页备妥低温老面。

搅拌 2. 细砂糖与鲜奶充分拌匀；钢盆内放入面团其他材料，倒入混匀的液体材料揉至呈光滑面团。

压延 3. 面团二等分，一份染色，一份维持原始白色；分别擀折 3 折 3 次，擀成均匀光亮面片。

分割 4. 将两个面片重叠，擀成宽 30cm、高 40cm，切去不规则面皮，上下两端分别向中央卷起，切去两侧边缘多余面皮，以刀具轻压，每隔 5cm 做一个记号，再将每等份对半切（不切断）。（图 1 ~图 8）

整形 5. a. 翻开，在中心放上装饰面团即完成。（图 9 ~图 10）

b. 若有多余的面团可以做出变化款式。将连在一起的两团面团从中间分开，再将卷好的卷从末端剥开一点；手指从外围朝中心轻推；再以筷子塑形；蝶翼尾端用指腹捏紧。（图 11 ~图 16）

后发 6. 放在裁好的烘焙纸上，直接放入蒸笼以室温（或使用烤箱 / 发酵箱）发酵，取 20 ~ 30g 面团搓圆放入水中测试发酵状态，最后发酵 20 ~ 30 分钟。

蒸制 7. 蒸锅水预先煮滚，将发酵好的面团入蒸笼以大火蒸 15 分钟即可。

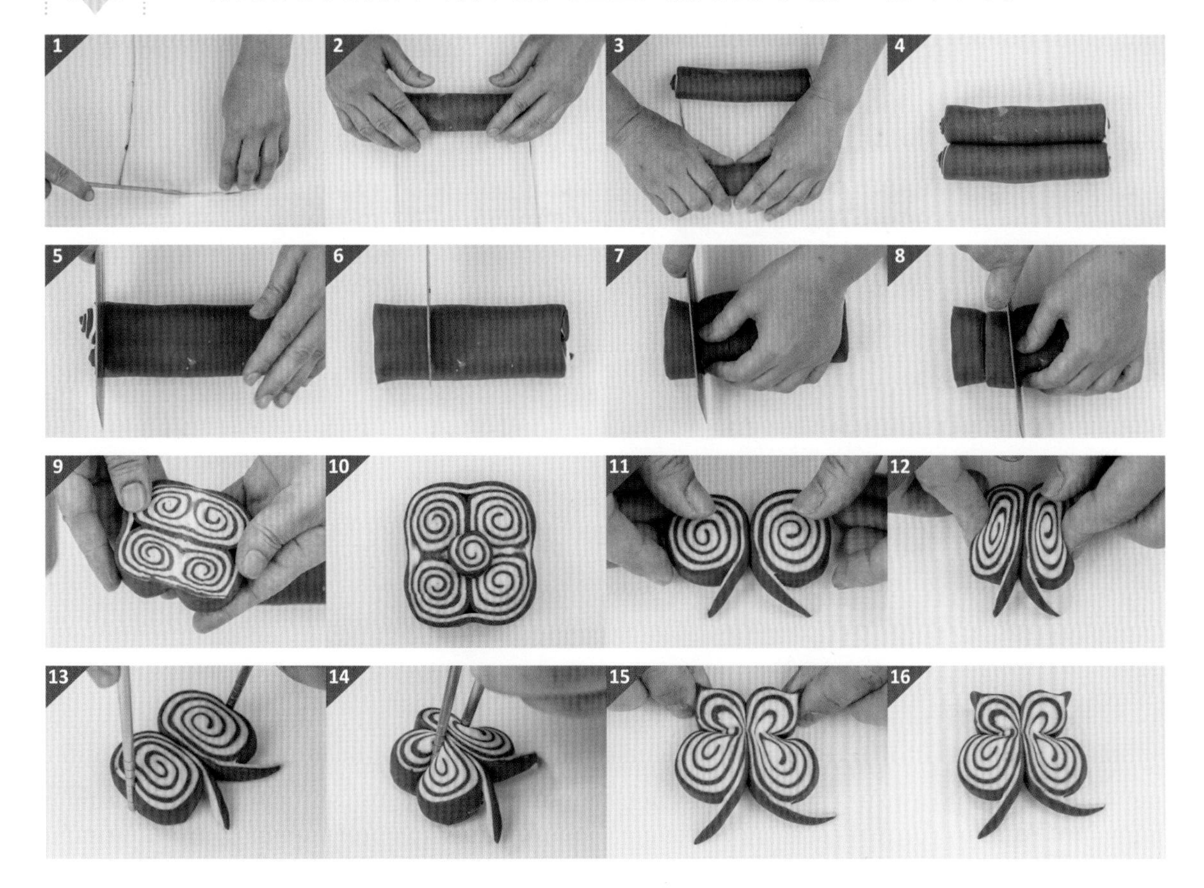

第4章

进阶变化包子馒头：其乐无穷的花卷与烙饼

58

哇 沙米玉米葱花卷

材料 Ingredients

份量 6 个

		百分比	重量 /g
面团	中筋面粉	100	300
	即溶酵母粉	1	3
	鲜奶	46	138
	细砂糖	11	33
	油	1.5	4.5
	低温老面	20	60
	盐	0.5	1.5
	合计	180	540

		重量 /g
馅料	芥末椒盐粉	适量
	芋头丁	50
	罐头玉米粒	30
	青葱花	30

做法 Methods

手揉搅拌 + 手擀

前置
1. 参见第 16 页备妥低温老面。

搅拌
2. 细砂糖与鲜奶充分拌匀；钢盆内放入面团其他材料，倒入混匀的液体材料揉至呈光滑面团。（手工揉制不需松弛，机器搅拌则需要松弛 5 分钟）

压延
3. 沾取适量手粉，以擀面棍擀折 3 折 3 次，擀成均匀光亮面片，面片边长约 30cm。

铺馅 分割
4. 铺上葱花、玉米粒、芋头丁，撒上芥末椒盐粉；卷起收紧，将顶端面团稍微擀开，抹水后卷起收口（抹水再卷可以防止爆馅）；切去两端多余面团。总共分割为 6 个。（图 1 ~图 8）

发酵
5. 切面朝上，放在裁好的烘焙纸上，直接放入蒸笼以室温（或使用烤箱 / 发酵箱）发酵，取 20 ~ 30g 面团搓圆放入水中测试发酵状态，最后发酵 20 ~ 30 分钟。

蒸制
6. 蒸锅水预先煮滚，将发酵好的面团入蒸笼以大火蒸 15 分钟即可。

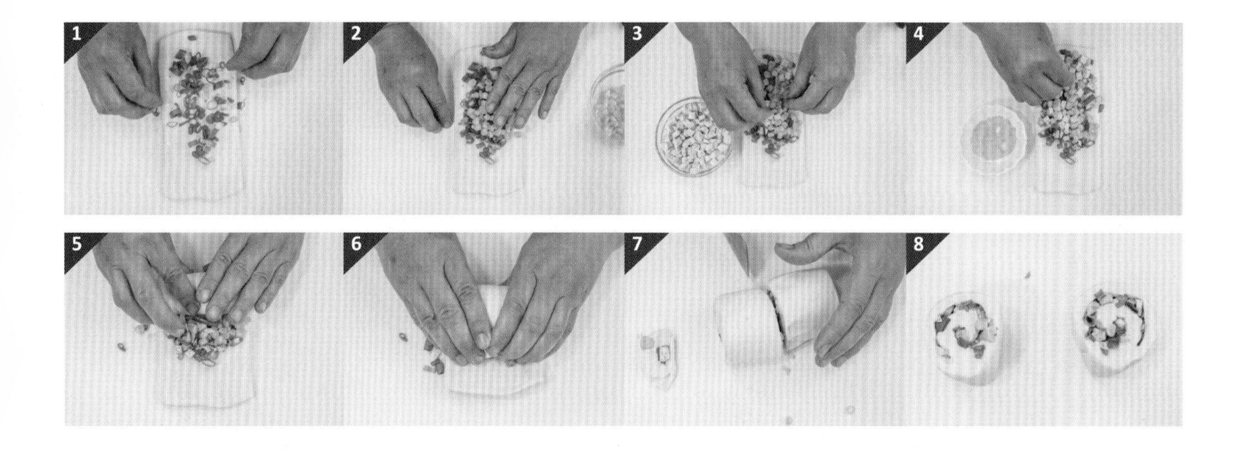

59 火腿芝士葱花卷

材料
Ingredients

份量 5 ~ 6 个

		百分比	重量 /g
面团	中筋面粉	100	300
	即溶酵母粉	1	3
	鲜奶	46	138
	细砂糖	11	33
	油	1.5	4.5
	低温老面	20	60
	盐	0.5	1.5
	合计	180	540

		重量 /g
馅料	火腿	4 片
	青葱	30
	芝士片	3 片
	粗黑胡椒粒	适量

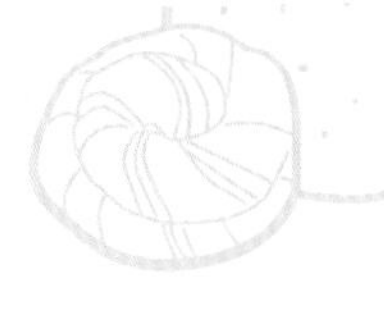

做法 Methods

手揉搅拌 + 手擀

前置	1. 参见第 16 页备妥低温老面。
搅拌	2. 细砂糖与鲜奶充分拌匀；钢盆中放入面团其他材料，倒入混匀的液体材料揉至呈光滑面团。（手工揉制不需松弛，机器搅拌则需要松弛 5 分钟）
压延	3. 沾取适量手粉，以擀面棍擀折 3 折 3 次，擀成均匀光亮面片，面片边长约 30cm。
铺馅 分割	4. 火腿取 1 片切丁；面团上铺上青葱花、火腿丁，撒上粗黑胡椒粒，铺上交叠的火腿芝士片；卷起收紧，将顶端面团稍微擀开，抹水后卷起收口（抹水再卷可以防止爆馅）；切去两端多余面团，总共分割为 5 ~ 6 个。（图 1 ~ 图 12）
发酵	5. 切面朝上，放在裁好的烘焙纸上，直接放入蒸笼以室温（或使用烤箱 / 发酵箱）发酵，取 20 ~ 30g 面团搓圆放入水中测试发酵状态，最后发酵 20 ~ 30 分钟。
蒸制	6. 蒸锅水预先煮滚，将发酵好的面团入蒸笼以大火蒸 15 分钟即可。

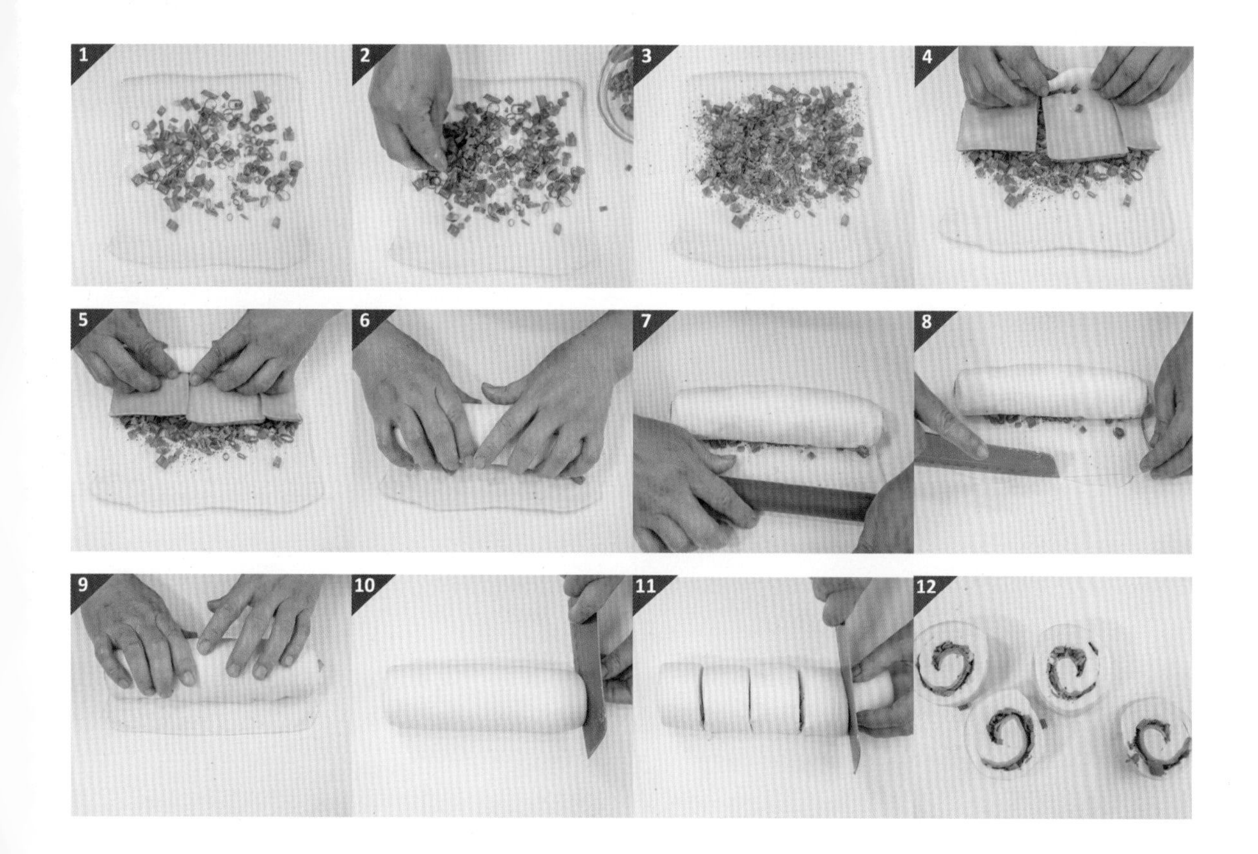

60 肉松葱花卷

材料 Ingredients

份量 6 个

		百分比	重量 /g
面团	中筋面粉	100	300
	即溶酵母粉	1	3
	鲜奶	46	138
	细砂糖	11	33
	油	1.5	4.5
	低温老面	20	60
	盐	0.5	1.5
	合计	180	540

		重量 /g
馅料	色拉油	适量
	沙拉酱	适量
	肉松	60
	青葱	30

做法 Methods

手揉搅拌 + 手擀

前置 1. 参见第 16 页备妥低温老面。

搅拌 2. 细砂糖与鲜奶充分拌匀；钢盆内放入面团其他材料，倒入混匀的液体材料揉至呈光滑面团。（手工揉制不需松弛，机器搅拌则需要松弛 5 分钟）

压延 3. 沾取适量手粉，以擀面棍擀折 3 折 3 次，擀成均匀光亮面片，面片边长约 30cm。

铺馅 分割 4. 面片上抹上适量色拉油，铺上青葱花，挤上沙拉酱，再铺上肉松；卷起收紧，将顶端面团稍微擀开，抹水后卷起收口（抹水再卷可以防止爆馅）；切去两端多余面团，总共分割为 6 个。（图 1 ~ 图 8）

发酵 5. 切面朝上，放在裁好的烘焙纸上，直接放入蒸笼以室温（或使用烤箱 / 发酵箱）发酵，取 20 ~ 30g 面团搓圆放入水中测试发酵状态，最后发酵 20 ~ 30 分钟。

蒸制 6. 蒸锅水预先煮滚，将发酵好的面团入蒸笼以大火蒸 15 分钟即可。

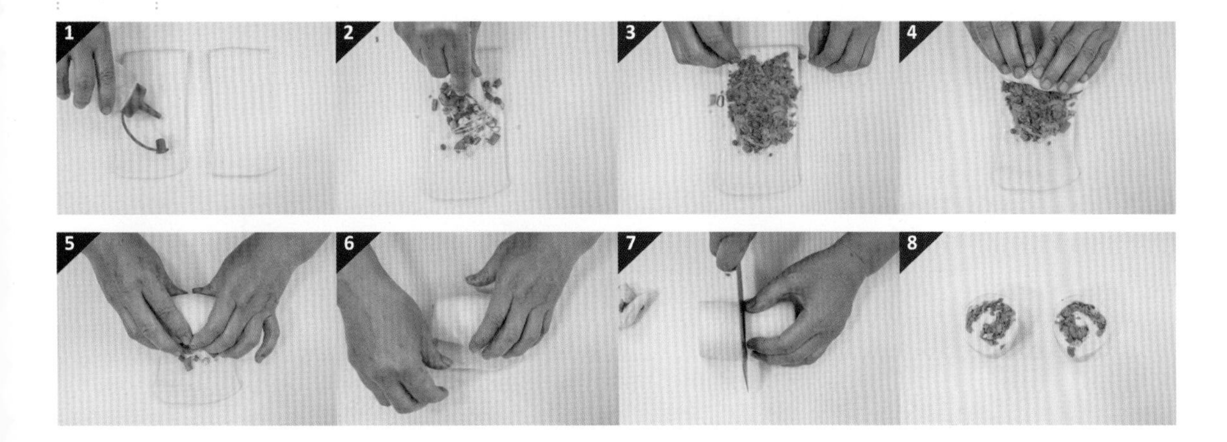

61 紫薯芋头卷

材料 Ingredients

份量 6 个

		百分比	重量 /g
面团	中筋面粉	100	300
	即溶酵母粉	1	3
	鲜奶	46	138
	细砂糖	11	33
	油	1.5	4.5
	低温老面	20	60
	盐	0.5	1.5
	合计	180	540

		重量 /g
调色	紫薯粉	15
馅料	生芋头	200

做法 Methods

手揉搅拌 + 手擀

前置	**1.** a. 参见第 16 页备妥低温老面。 b. 芋头洗净去皮，切丁备用。
搅拌	**2.** 细砂糖与鲜奶充分拌匀；钢盆内放入面团其他材料，倒入混匀的液体材料揉至呈光滑面团。
压延	**3.** 沾取适量手粉，以擀面棍擀折 3 折 3 次，擀成均匀光亮面片，面片约宽 25cm、高 15cm。
铺馅 分割	**4.** 铺上生芋头丁；卷起收紧，将顶端面团稍微擀开，抹水后卷起收口（抹水再卷可以防止爆馅）；切去两端多余面团，总共分割为 6 个。
发酵	**5.** 切面朝上，放在裁好的烘焙纸上，直接放入蒸笼以室温（或使用烤箱 / 发酵箱）发酵，取 20 ~ 30g 面团搓圆放入水中测试发酵状态，最后发酵 20 ~ 30 分钟。
蒸制	**6.** 蒸锅水预先煮滚，将发酵好的面团入蒸笼以大火蒸 15 分钟即可。

62 黄金地瓜卷

材料 Ingredients

份量 6 个

		百分比	重量 /g
面团	中筋面粉	100	300
	即溶酵母粉	1	3
	细砂糖	11	33
	蒸熟的南瓜泥	22	66
	鲜奶	35	105
	油	1.5	4.5
	盐	0.5	1.5
	低温老面	20	60
	合计	191	573

		重量 /g
馅料	小地瓜	6 条

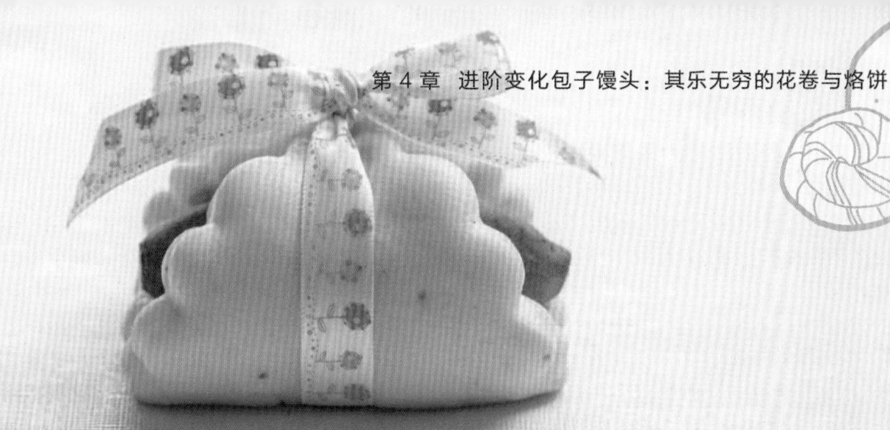

做法 Methods

手揉搅拌 + 手擀

前置

1. a. 参见第 16 页备妥低温老面。
   b. 小地瓜用活水冲洗，蒸熟备用。

搅拌

2. 细砂糖与鲜奶充分拌匀；钢盆内放入面团其他材料，倒入混匀的液体材料揉至呈光滑面团。

压延 分割

3. 以擀面棍擀折 3 折 3 次，擀成均匀光亮面片，面片约长 35cm、宽 14cm，利用花边模具压出 4 个面片，再将剩下面团揉圆擀开，再压出 2 片，共制作出 6 片。（图 1）

整形

4. 将面片稍微擀开，放上蒸熟的小地瓜，两端抹上适量清水以指尖捏紧。（图 2 ~图 5）

★ 自由选用喜爱的地瓜品种，紫地瓜、红肉地瓜、黄地瓜等都是不错的选择。

发酵

5. 放在裁好的烘焙纸上，直接放入蒸笼以室温（或使用烤箱 / 发酵箱）发酵，取 20 ~ 30g 面团搓圆放入水中测试发酵状态，最后发酵 20 ~ 30 分钟。

蒸制

6. 蒸锅水预先煮滚，将发酵好的面团入蒸笼以大火蒸 12 分钟，绑缎带蝴蝶结。（图 6 ~图 12）

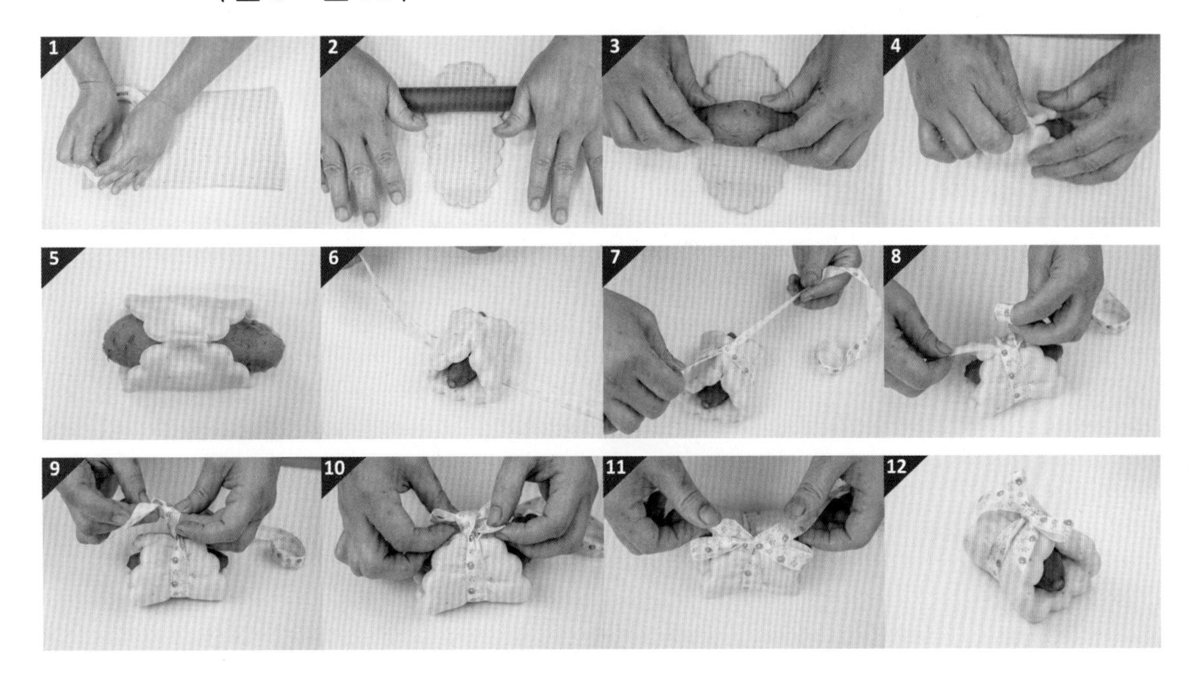

63 芝麻薯卷

材料 Ingredients

份量 6 个

		百分比	重量 /g
面团	中筋面粉	100	300
	即溶酵母粉	1	3
	鲜奶	46	138
	细砂糖	11	33
	油	1.5	4.5
	盐	0.5	1.5
	低温老面	20	60
	合计	180	540

		重量 /g
麻薯馅	麻薯	100
芝麻馅	黄油	150
	糖粉	100
	盐	1
	芝麻粉	225 ~ 250

做法 Methods

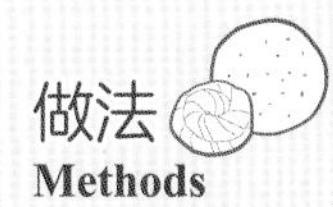

手揉搅拌 + 手擀

前置

1. a. 参见第 16 页备妥低温老面。
b.【芝麻馅】黄油、糖粉、盐混合均匀，加入芝麻粉拌匀即可。

搅拌

2. 细砂糖与鲜奶充分拌匀；钢盆内放入面团其他材料，倒入混匀的液体材料揉至呈光滑面团。

压延

3. 沾取适量手粉，以擀面棍擀折 3 折 3 次，擀成均匀光亮面片，面片宽约 25cm、高 15cm。

铺馅分割

4. 均匀抹上 150g 芝麻馅，放上麻薯；卷起收紧，将顶端面团稍微擀开，抹水后卷起收口（抹水再卷可以防止爆馅）；切去两端多余面团，总共分割为 6 个。

发酵

5. 切面朝上，放在裁好的烘焙纸上，直接放入蒸笼以室温（或使用烤箱 / 发酵箱）发酵，取 20 ~ 30g 面团搓圆放入水中测试发酵状态，最后发酵 20 ~ 30 分钟。

蒸制

6. 蒸锅水预先煮滚，将发酵好的面团入蒸笼以大火蒸 15 分钟即可。

64
红豆麻薯卷

材料 Ingredients

份量 6 个

		百分比	重量 /g
面团	中筋面粉	100	300
	即溶酵母粉	1	3
	鲜奶	46	138
	细砂糖	11	33
	油	1.5	4.5
	盐	0.5	1.5
	低温老面	20	60
	合计	180	540

		重量 /g
馅料	蜜红豆	200
	麻薯	100

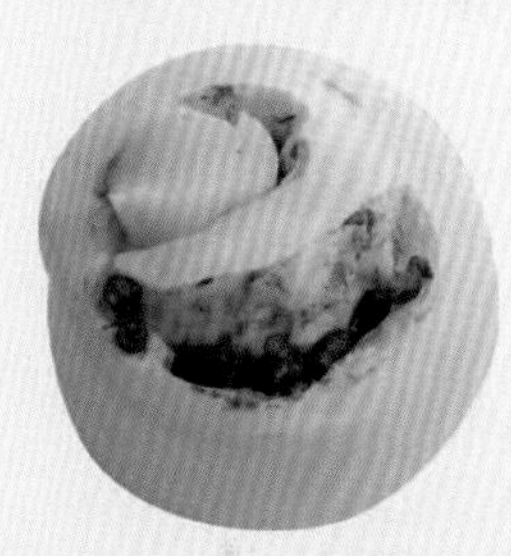

做法 Methods

手揉搅拌 + 手擀

前置 1. 详见第 16 页备妥低温老面。

搅拌 2. 细砂糖与鲜奶充分拌匀；钢盆内放入面团其他材料，倒入混匀的液体材料揉至呈光滑面团。

压延 3. 沾取适量手粉，以擀面棍擀折 3 折 3 次，擀成均匀光亮面片，面片宽 25cm、高 15cm。

铺馅 分割 4. 均匀铺上蜜红豆，放上麻薯；卷起收紧，将顶端面团稍微擀开，抹水后卷起收口（抹水再卷可以防止爆馅）；切去两端多余面团，总共分割为 6 个。

发酵 5. 切面朝上，放在裁好的烘焙纸上，直接放入蒸笼以室温（或使用烤箱 / 发酵箱）发酵，取 20 ~ 30g 面团搓圆放入水中测试发酵状态，最后发酵 20 ~ 30 分钟。

蒸制 6. 蒸锅水预先煮滚，将发酵好的面团入蒸笼以大火蒸 15 分钟即可。

65 双色花卷

材料 Ingredients 份量6个

		百分比	重量 /g
面团	中筋面粉	100	300
	即溶酵母粉	1	3
	鲜奶	46	138
	细砂糖	11	33
	油	1.5	4.5
	低温老面	20	60
	盐	0.5	1.5
	合计	180	540

		重量 /g
调色	红曲粉	2

做法
Methods

手揉搅拌 + 手擀

前置	1. 详见第 16 页备妥低温老面。
搅拌	2. 细砂糖与鲜奶充分拌匀；钢盆内放入面团其他材料，倒入混匀的液体材料揉至呈光滑面团。
压延	3. 面团二等分，一份染色，一份维持原始白色，分别擀折 3 折 3 次，擀成均匀光亮面片。
分割	4. 两个面片重叠，擀成长 25cm、宽 15cm，再切成 2cm 宽的条状，共切成 12 条；将两个条状面团重叠，用筷子压到底。（图 1 ~图 7）
整形	5. 手持面团两端，将双色面片拉长至 30cm；右手向前搓动，左手向后搓动，将面团卷成麻花状；左手捉住面团一端，右手取面团另一端顺势由上往下盘绕起来；最后将尾端压薄抹水，收入面团内部定型。（图 8 ~图 15）
后发	6. 收口朝下，放在裁好的烘焙纸上，直接放入蒸笼以室温（或使用烤箱 / 发酵箱）发酵，取 20 ~ 30g 面团搓圆放入水中测试发酵状态，最后发酵 20 ~ 30 分钟。
蒸制	7. 蒸锅水预先煮滚，将发酵好的面团入蒸笼以大火蒸 15 分钟即可。（图 16）

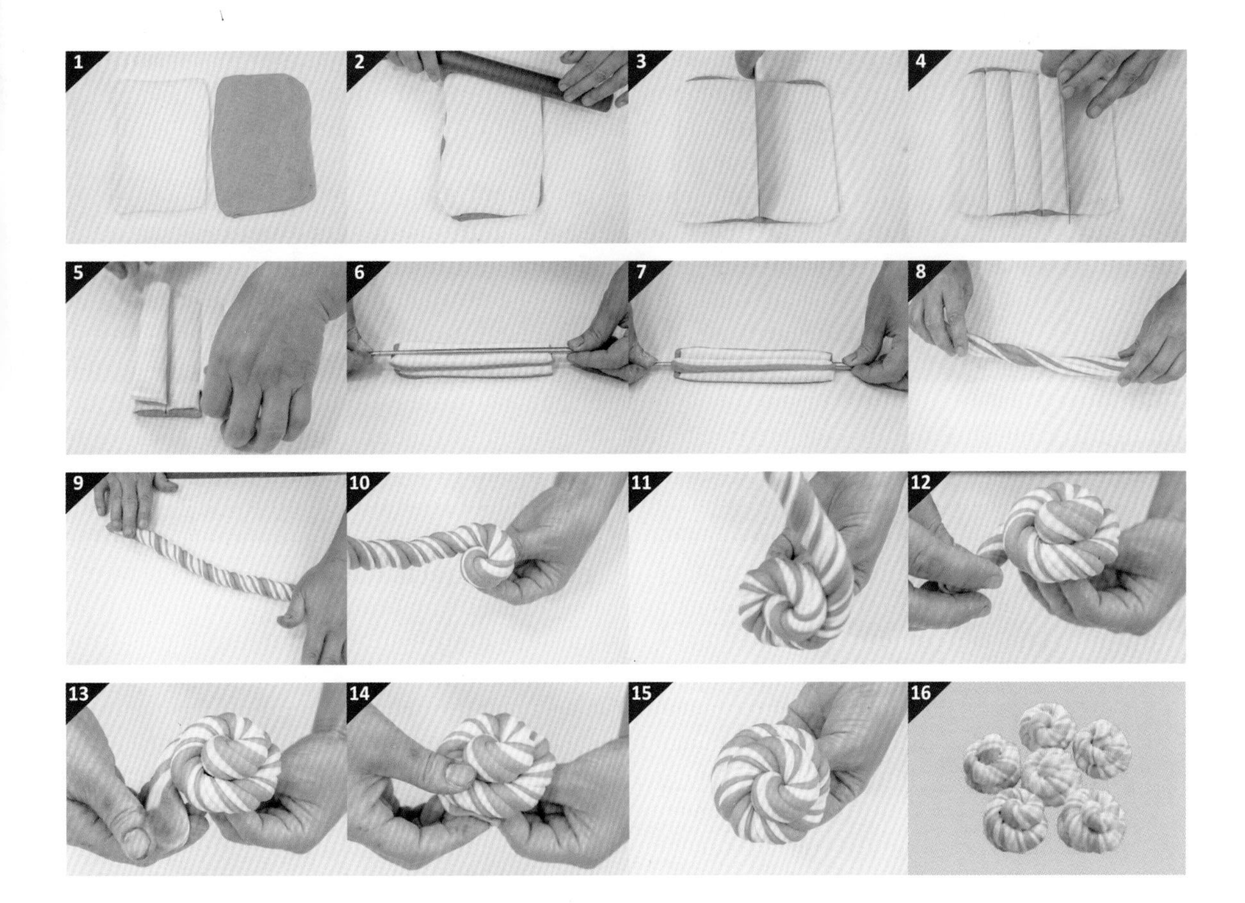

66 魅力四色德式香肠花卷

材料
Ingredients

份量 5 个

		百分比	重量 /g
面团	中筋面粉	100	300
	即溶酵母粉	1	3
	鲜奶	46	138
	细砂糖	11	33
	油	1.5	4.5
	低温老面	20	60
	盐	0.5	1.5
	合计	180	540

		重量 /g
调色	红曲粉	2
	抹茶粉	2
	姜黄粉	2
馅料	德式香肠	5 根

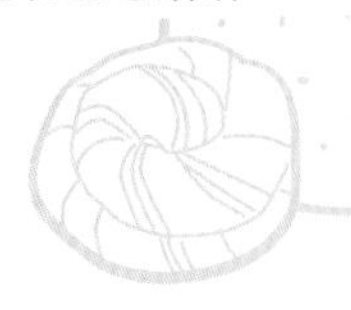

做法 Methods

手揉搅拌 + 手擀

前置 **1.** 参见第 16 页备妥低温老面。

搅拌 **2.** 细砂糖与鲜奶充分拌匀；钢盆内放入面团其他材料，倒入混匀的液体材料揉至呈光滑面团。

压延 **3.** 面团分成四份，每个 125g，三份染色，一份维持原始白色，分别擀折 3 折 3 次；擀成均匀光亮面片。（图 1 ~ 图 2）

分割 **4.** 面片擀好后切成长条状，每条 25g，白色 5 条、红色 5 条、绿色 5 条、黄色 5 条。（图 3）

整形 **5.** a. 将每一条面团搓成长约 30cm，将四条面团摆放好，开始编织四股辫子，【四编秘诀】4 上 2，1 上 3，2 上 3，按照数字编完。（图 4 ~ 图 10）

b. 德式香肠取布巾擦干，将编好的四辫稍微拉长，缠绕在德式香肠上。（图 11 ~ 图 16）

★ 德式香肠使用前先取布巾擦干，缠绕面团的时候才不会滑掉。

后发 **6.** 收口朝下放在裁好的烘焙纸上，直接放入蒸笼以室温（或使用烤箱 / 发酵箱）发酵，取 10 ~ 20g 面团搓圆放入水中测试发酵状态，最后发酵 20 ~ 30 分钟。

蒸制 **7.** 蒸锅水预先煮滚，将发酵好的面团入蒸笼以大火蒸 16 分钟即可。

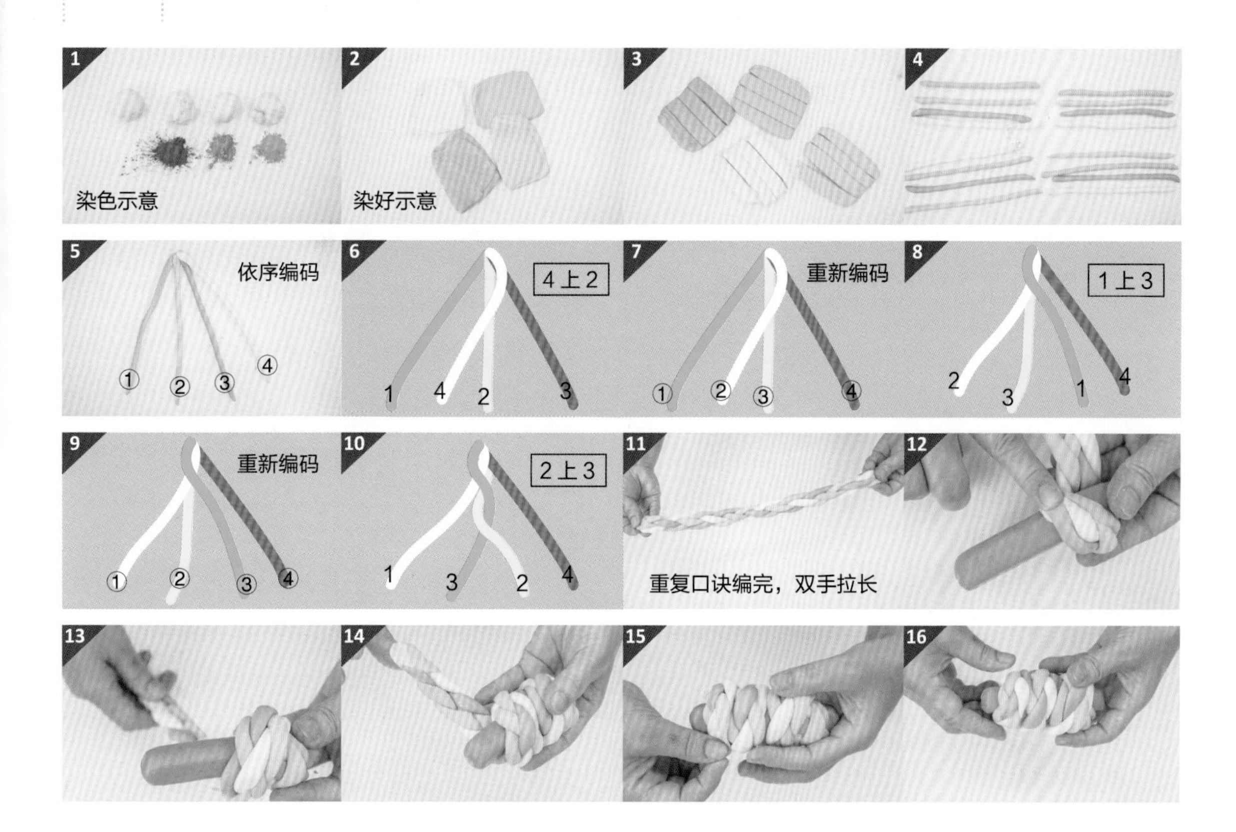

67 室温面种香葱烙饼

材料 Ingredients　份量 1 个

		百分比	重量 /g
面团	中筋面粉	25	125
	室温老面	100	500
	细砂糖	6	30
	即溶酵母粉	0.5	2.5
	合计	131.5	657.5

		重量 /g
馅料	葱花	130
	猪油	20
	盐	4
	味精	3
装饰	生白芝麻	100

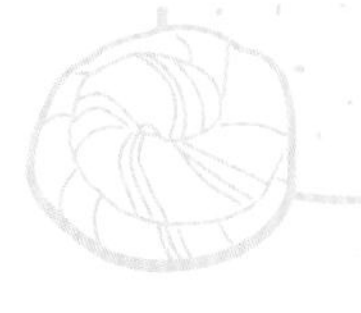

做法 Methods

机器搅拌 + 手擀

前置

1. 参见第 16 页备妥室温老面。

搅拌

2. 搅拌缸中加入所有面团材料，搅拌至呈光滑面团。

基发

3. 在面团表面盖上布巾或外围倒扣钢盆，基本发酵 40 ~ 60 分钟。

整形

4. a. 葱花与猪油拌匀，再与盐、味精混匀。（图 1 ~图 2）
   b. 沾取适量手粉，将面团用擀面棍擀成长约 40cm。（图 3）
   c. 铺上拌匀的葱花内馅，收紧成长筒状，盘绕成圆形，盖上布巾松弛 10 分钟。（图 4 ~图 10）
   d. 将面团先轻轻拍开，再取擀面棍擀开，抹上适量清水沾取生白芝麻。（图 11 ~图 12）

后发

5. 在面团表面盖上布巾或外围倒扣钢盆，最后发酵 30 分钟。

烙制

6. 沾生白芝麻面朝下，平底锅加盖开小火干烙，先干锅烙 10 分钟至白芝麻上色，再翻面烙 8 分钟，烙至两面上色熟成。（图 13 ~图 16）

★ 干烙不需要加色拉油，判断是否熟成可以摸面皮两边，如果凹陷表示未熟成，马上弹回表示已熟成。

★ 加了老面的烙饼经过干烙更能提升风味口感与麦香。

★ 熟成时间与饼的厚度有关系，饼越厚熟成时间越久。

68

隔夜种培根芝士烙饼

材料 Ingredients 份量 1 个

		百分比	重量 /g
面团	中筋面粉	30	120
	细砂糖	10	40
	即溶酵母粉	0.5	2
	冰水	6	24
	隔夜冰种老面	100	400
	油	2	8
	合计	148.5	594

		重量 /g
馅料 A	葱花	40
	猪油	5
	盐	1
	味精	1
	白胡椒粉	1
	黑胡椒粒	2
馅料 B	培根丁	100
馅料 C	玉米粒	60
馅料 D	芝士片	3 片
装饰	小米	100
	红藜麦	100

做法 Methods 机器搅拌 + 手擀

前置

1. a. 参见第 16 页备妥隔夜冰种老面。
   b. 红藜麦、小米活水淘洗，再泡水 4 小时，沥干备用。
   c. 培根丁炒熟备用；芝士片沾上适量面粉切小丁。

搅拌

2. 搅拌缸中加入所有面团材料，搅拌至呈光滑面团。

基发

3. 在面团表面盖上布巾或外围倒扣钢盆，基本发酵 40 ~ 60 分钟。

整形

4. a. 葱花与猪油拌匀，再与盐、味精、白胡椒粉、黑胡椒粒混匀。
   b. 沾取适量手粉，将面团用擀面棍擀成直径约 30cm 的圆片，参考图片切出九宫格形状，刀与刀不相连，面皮不可切断。（图 1）
   c. 在面皮中心铺上拌匀的芝士丁，覆盖一层面团（图 2 ~ 图 3）；再在中心铺上拌匀的葱花馅，覆盖面团（图 4 ~ 图 5）；铺上培根丁，覆盖面团（图 6 ~ 图 7）；铺上玉米粒，覆盖面团（图 8 ~ 图 10）；铺上芝士丁，

整形

覆盖面团（图 11 ~图 12）；铺上培根丁，覆盖面团（图 13 ~图 14）。四边整形收妥后，在面团表面盖上布巾或外围倒扣钢盆，松弛 10 分钟。

d. 先将面团轻轻拍开，再取擀面棍擀开，抹上适量清水沾取红藜麦、小米。（图 15 ~图 16）

后发

5. 在面团表面盖上布巾或外围倒扣钢盆，最后发酵 30 分钟。

烙制

6. 沾红藜麦、小米面朝下，平底锅加盖开小火干烙，先干锅烙 10 分钟至白芝麻上色，再翻面烙 8 分钟，烙至两面上色熟成。（图 17 ~图 20）

★ 干烙不需要加色拉油，判断是否熟成可以摸面皮两边，如果凹陷表示未熟成，马上弹回表示已熟成。

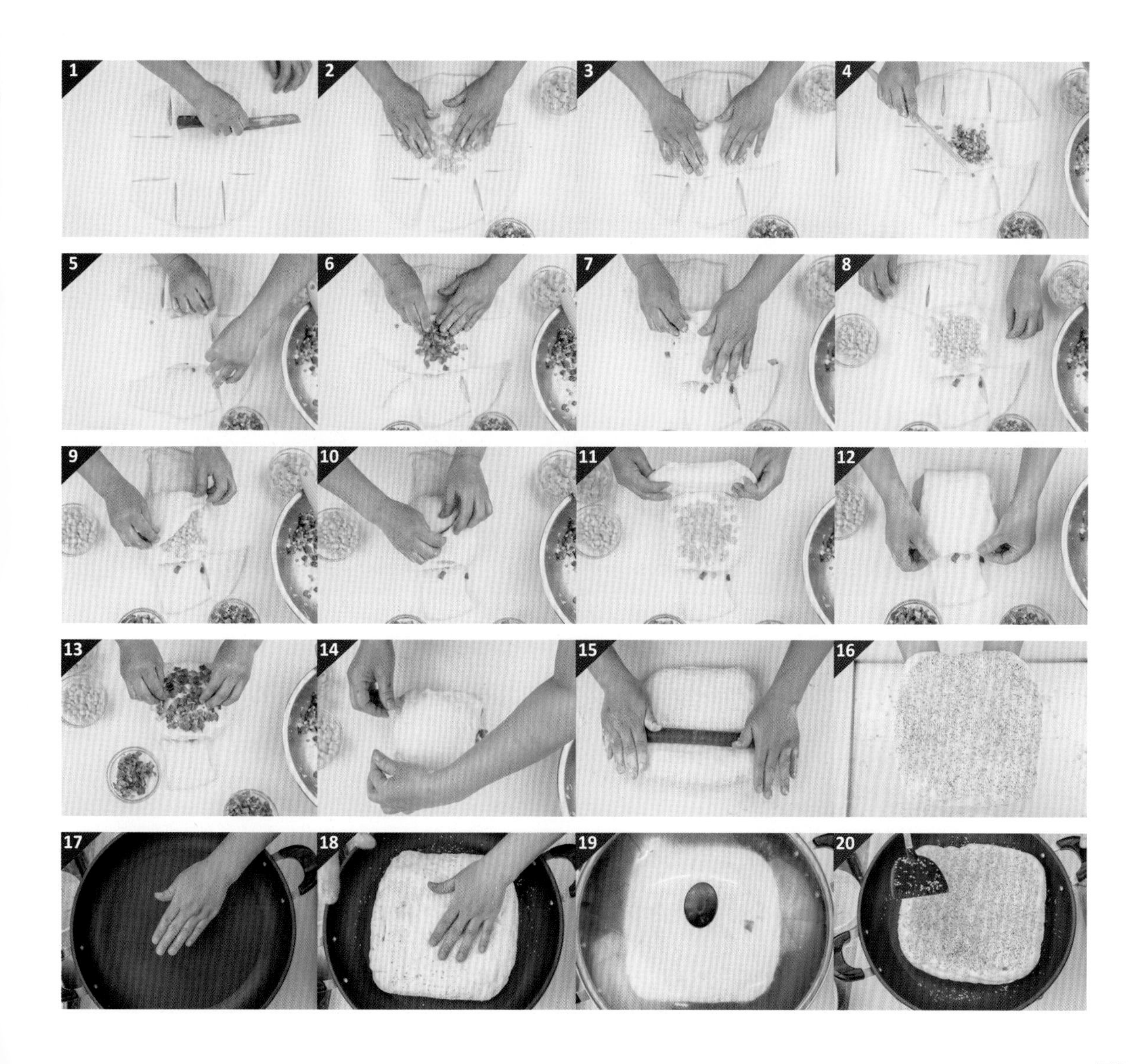

69 烘烤类葱烧饼

材料 Ingredients 份量 20 个

		百分比	重量 /g
面团	中筋面粉	35	420
	细砂糖	10	120
	即溶酵母粉	0.7	8.4
	冰水	9	108
	低温老面	100	1200
	油	4	48
	合计	158.7	1904.4

		重量 /g
馅料 A	葱花	300
	猪油	50
	盐	6
	味精	5
	白胡椒粉	2
馅料 B	芝士片	5 片
装饰	生白芝麻	200

做法 Methods

机器搅拌 + 手擀

前置	1. a. 详见第 16 页备妥低温老面。 b. 芝士片沾上适量面粉，切小丁。
搅拌	2. 搅拌缸中加入所有面团材料，搅拌至呈光滑面团。
基发	3. 在面团表面盖上布巾或外围倒扣钢盆，基本发酵 40 ~ 60 分钟。
整形	4. a. 葱花与猪油拌匀，再与盐、味精、白胡椒粉混匀。 b. 沾取适量手粉，将面团用擀面棍擀成长 80cm、宽 15cm。（图 1） c. 铺上拌匀的葱花内馅、芝士丁，将己侧 1 / 3 面片朝中心折叠，另一侧 1 / 3 面片也朝中心折叠，共 3 折，盖上布巾松弛 10 分钟。（图 2 ~ 图 7） d. 将面团切成菱形，抹上适量清水沾取生白芝麻。（图 8 ~ 图 12）
后发	5. 在面团表面盖上布巾或外围倒扣钢盆，最后发酵 30 分钟。
烤制	6. 放入预热好的烤箱，以上火 200℃ / 下火 180℃烘烤 20 分钟，烤至金黄熟成即可。

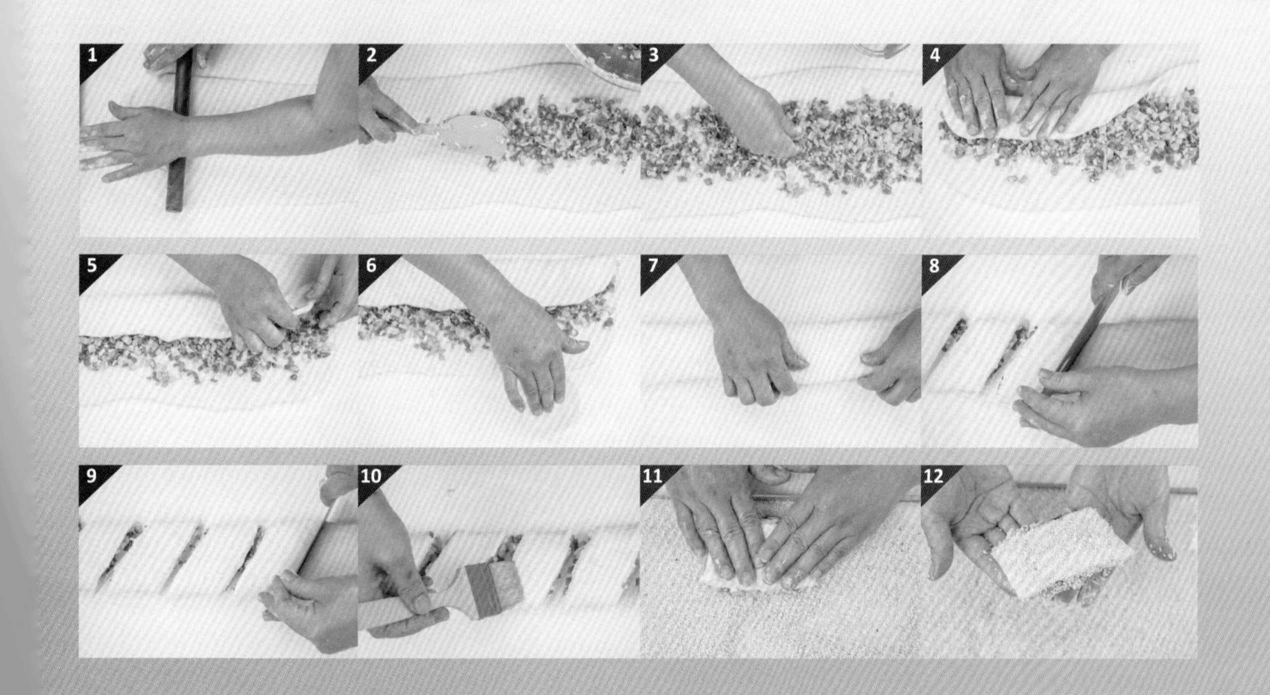

图书在版编目（CIP）数据

香喷喷包子馒头轻松做 / 彭秋婷著. —福州：福建科学技术出版社，2020.8（2024.1重印）
ISBN 978-7-5335-6157-4

Ⅰ.①香… Ⅱ.①彭… Ⅲ.①面食－食谱 Ⅳ.①TS972.132

中国版本图书馆CIP数据核字（2020）第084869号

书　　名　香喷喷包子馒头轻松做
著　　者　彭秋婷
出版发行　福建科学技术出版社
社　　址　福州市东水路76号（邮编350001）
网　　址　www.fjstp.com
经　　销　福建新华发行（集团）有限责任公司
印　　刷　福建新华联合印务集团有限公司
开　　本　787毫米×1092毫米　1/16
印　　张　11
图　　文　176码
版　　次　2020年8月第1版
印　　次　2024年1月第3次印刷
书　　号　ISBN　978-7-5335-6157-4
定　　价　58.00元

书中如有印装质量问题，可直接向本社调换